中國建築藝術全集

16

伊斯蘭教建築

中國美術分類全集

中國建築藝術全集編輯委員會　編

凡例

一　《中國建築藝術全集》共二十四卷，按建築類別、年代和地區編排，力求全面展示中國古代建築藝術的成就。

二　本卷爲《中國建築藝術全集》第十六卷『伊斯蘭教建築』。

三　本卷圖版按照中國伊斯蘭教建築的發展和分布次序編排，詳細展示了中國伊斯蘭教建築藝術的突出成就。

四　卷首載有論文『中國伊斯蘭教建築藝術論』，概要論述了中國伊斯蘭教建築的産生、發展、分布與特徵，以及其社會、自然背景。在其後的圖版部分精選了二〇九幅建築内外部照片，以顯示其藝術形象特徵。在最後的圖版説明中對每幅照片做了簡要説明。

目錄

論文

圖版

圖版說明

中國伊斯蘭教建築藝術論

一、通 論

（一）伊斯蘭教與中國

中國伊斯蘭教建築，顧名思義是在中國的與伊斯蘭教有關的建築。而伊斯蘭教在中國是一個古老宗教的新譯名。傳統的習慣將其稱爲『回回教』或略稱成『回教』，其信徒穆斯林稱回民或回族。而且在歷史上還有『漢回』和『纏回』之分。前者是指生活在漢族地區的回民；後者是指集中居住在新疆地區的維吾爾族。現在一般說到『回族』就是專指生活在漢族地區的漢回。『纏回』與『漢回』共同的特點有二，第一他們都在中國大陸的西部或來自以西的地方；第二他們都信奉回教即伊斯蘭教。前者是地理特徵，籠統稱西域；後者是宗教特徵，現在統稱伊斯蘭教。至于古時爲什麼將伊斯蘭教譯成回教？自來就衆說紛紜，莫衷一是。伊斯蘭教創立于公元六一〇年，當中國隋大業六年；伊斯蘭教紀元開始于公元六二二年，中國就已進入初唐時期，是唐高祖武德五年。公元六三〇年伊斯蘭教征服麥加，當唐太宗貞觀四年。貞觀六年穆罕默德歸真去世，伊斯蘭教進入正統哈里發時代，也就是伊斯蘭教傳播、發展、擴充的時代。先是統一阿拉伯半島，接着征服耶路撒冷、大馬士革和叙利亞。至公元六四二年大破波斯軍，薩珊王朝解體，征服埃及完成。公元六五一年也就是唐高宗永徽二年，正當第三任哈里發烏斯曼時代（公元六四四至六五六年在位），派遣大使來唐通好，但中國既不稱其爲阿拉伯帝國也不稱其爲伊斯蘭教國，而稱『大食國』。自此有了國家與國家的正式關係，事見舊唐書一九八卷大食國傳。問題是何以稱爲『大食』？據蘇丹某學者研究，『大食』古音讀成『大依』，是伊斯蘭古波斯語『順從』的音譯。由此推斷最初來唐的使者可能是波斯人，在向唐皇報告時滿口是『大食』，于是就稱其爲『大食』國了，也就是伊斯蘭教國的意思。大食不斷遣使來唐。後來又有白衣大食、黑衣大食之分。公元七五一年，唐玄宗天寶十年向西擴展的唐將高仙芝與向中亞擴充的阿巴斯王朝阿拉伯軍于怛邏斯河畔（今屬吉爾吉斯）發生大戰，唐軍爲阿拉伯軍所敗，中國史稱爲『大食軍所敗』。吐火羅、河中諸國皆爲大食所并。東方兩大勢力達于平衡，唐在西域失勢，大食勢力也未再能向東推進。不久唐發生安史之亂（公元七五五年），唐朝廷多次借兵西域，其中既有回紇兵也有大食兵，而他們都是經回紇（公元七八八年改回紇爲回鶻）來到中土。統稱爲回紇兵，略而爲回兵。戰事結束，部分人留居中國，一般說來這就是中國回族人的先祖。實際上這些先祖中的主要部分——回紇人，他們還不是伊斯蘭教徒，怎麼會把『回』的稱呼冠在崇信伊斯蘭教的大食人頭上而又爲他們所接受？較爲合理的解釋是回紇兵距離近易歸去，大食人距離遠，國內動亂又多，有國難回，于是留居中國成家立業，自然成了中國回族的先祖，而且他們自己也就自稱爲『西域回回』。一般不加細分，就逐漸將伊斯蘭教、大食、西域、回紇與回回、回混爲一體。後來大凡是與西域有關的事也都認爲與回回有關，形成了一種慣性傳統。目前所見『回回』的最早稱呼是北宋沈括《夢溪筆談》，他是指西夏人。到公元一一二三年遼德宗西征尋思幹，就記有『回回國王來降』，該回回國即是花刺子模國。蒙古三次西征，促進東西方大交流、大混合，形成了在中國『回回遍天下之勢』，回回就正式成爲西域、伊斯蘭教的漢語譯名，而且也的確自十世紀以後整個西域都伊斯蘭教化了。因此就這樣一直延續下來。明代也曾譯爲天方國，取『天房所在之國』的意思，但是終究沒有盛行起來。倒是到了近代，對伊斯蘭教的了解更多更準確，就將回教正式改稱伊斯蘭教，而回民、回族就成了中國信奉伊斯蘭教之一民族的專稱。曾稱韋紇、回紇、回鶻、畏吾兒的民族也正式定漢名爲維吾爾族。當然在社會上『回教』一詞也還繼續使用，但多用在與回族或與伊斯蘭教歷史有關事物上。

回族的分布特徵是『大分散，小集中』。『大分散』，是分散在全國各地，主要是沿絲綢之路的各省和中國大運河地區，是與漢族雜然相處的。『小集中』是指具體到一地一城都是相對集中聚居在一起的，這是爲保存共同生活習俗和信仰所造成的必然結果。維吾爾族的分布特徵是集中在新疆一省之內，天山南北。他們也是信仰伊斯蘭教的較大民族，有自己的民族血統、容貌特徵，語言文字和生活習俗。此外尚有哈薩克族、東鄉族、柯爾克孜族、撒拉族、塔吉克族、烏孜別克族、保安族、塔塔爾族，分別居住在西北的新疆、青海和甘肅各地，多是隨遇而安。西南的雲南、貴州也有一些分布，那就和具體的歷史原因有關了。

在中國五十六個民族中信仰伊斯蘭教的民族有十個，其中回族人口最多，達八六〇餘萬人，其次是維吾爾族五九六餘萬人。現在建有寧夏回族自治區；新疆昌吉回族自治州；甘肅臨夏回族自治州；河北孟村回族自治縣；河北大廠回族自治縣；甘肅張家川回族自治縣；青海化隆回族自治縣；青海門源回族自治縣；新疆焉耆回族自治縣；雲南巍山彝族回族自治縣；雲南尋甸回族彝族自治縣；貴州威寧彝族回族苗族自治縣；青海民和回族土族自治縣；青海大通回族土族自治縣；新疆維吾爾自治區。共有兩個自治區、兩個自治州、六個自治縣和五個與其他民族聯合的自治縣。其他則與漢族等散居全國各地，包括香港、澳門、臺灣、西藏等地，元代就有中國『回回遍天下』之稱了，足見其普及程度。伊斯蘭教建築也就隨着中國伊斯蘭教的普及而普及全國，并形成了自己的特徵。

（二）一般伊斯蘭教建築特徵

伊斯蘭教宗教思想上的特殊性，將宗教與國家合一、將社會生活和家庭生活合一，也就導致了伊斯蘭教建築明顯的特殊性。伊斯蘭教建築中最具代表性的建築是清真寺，而清真寺就是根據這些宗教要求興建的。當然作爲世俗生活建築還有城堡、宮殿、市場、旅館、學校等建築。

伊斯蘭地區廣大，民族衆多，因此又具有明顯的地方特徵和民族特徵。伊斯蘭教的核心地區是乾旱少雨和沙漠地區，伊斯蘭建築也必然反映了這些地區特點。而且，伊斯蘭自創立至今已有一千三百餘年的歷史，在不同發展階段也是不同的。所以，伊斯蘭建築與伊斯蘭其他文化相同，既具有强烈的統一性，也具有鮮明的差异性。

伊斯蘭教建築的發源地是阿拉伯半島，是廣闊的沙漠地帶，而且不是粉末狀的沙土，而是裸露岩石層覆蓋荒野。如此荒凉不毛之地所産生的建築，當然是非常原始的。用可以搬得動的石塊水平壘砌起來，用黏土或泥土膠結，并向内自然收進，形成自然的原始石屋。屋頂也就自然形成平砌穹窿。因爲使用的關係，平面多是正方形，也有矩形、八角形或圓形的。其上可用簡易木梁搭成平屋頂以遮蔽烈日酷曬。當取石不便時，還可以用泥土做成土坯磚。這種土石爲主、方圓結合的建築，在阿拉伯廣大地區隨處可見，成爲阿拉伯地區最常見的建築形式。

許多建築組成宅院；許多宅院組成村鎮；許多村鎮又構成城市，城市周圍繞以圍墻——即城墻。墻上開門，門券用伊斯蘭教式的尖拱券。城墻頂上壘有雉堞和碉樓，雉堞多砌成花式，是由伊斯蘭教建築手法表現的。

哈里發居住的宫殿也常是以宫城圍繞，築城墻，設城門。宫殿本身的設置則無一定的格式，其主要建築是元首的寶座所在的殿堂，和接見百官大臣、外國使節的廳堂。宫殿内部則是極盡精巧華美之能事。宫城内還專門建有禮拜堂，專供元首禮拜使用。

伊斯蘭教各國的住宅，差别較大。其核心地區屬熱帶和亞熱帶，乾燥少雨，風猛塵多，日夜温差特大，荒凉枯槁。建築材料祇有砂石、泥土和磚塊，木材多用于門窗裝修和屋頂。在伊斯蘭教核心地區的住宅建築上我們可以發現以下共同特徵：

1 房屋均圍繞内院布置，内院起着通風、采光和家事活動的重要作用。高級一些的宅院内還設有葡萄架爲主的緑化棚架和流水噴泉。

2 男女居室嚴格分隔，内不通行。

3 爲了防止從門外窺視内部，將過道設置成屈曲的，門扇特厚，并以門杠嚴鎖。

4 通常在臨街居住建築底層外墻上不開窗，防止騎駱駝的人向内窺探。即令在上部也不設開敞性的大窗，祇設小窗，這是氣候條件和風俗習慣所使然。

5 臨街二層以上喜做挑窗形式，并在窗扇上雕刻細密的格眼，自内可以清楚地望見外面，而自外面却無法望見内部。

6 男女居室走道分别設置，不得混用。即使通向同一大廳，其出入口也必須設在最大距離的位置上。

7 各室的布置常是根據主要風向決定，主要是在炎熱季節便于凉風通過。

8 客廳常設在二層，從户外有樓梯直接出入，使來客無法窺視到家庭内部活動。

因此我們可以看到一般伊斯蘭教建築具有明顯的封閉性和厚重性。

在上流社會的住宅中，常有如下廳室：

1 門廳；

2 凉亭；

3 客廳（夏季用）；

4 客廳（冬季用）；

5 男人室（樓下）；

6 女人室（樓上）；

7 僕人室（樓下）；

8 護壁挂毯，阿拉伯伊斯蘭教也是盛行席地而坐的生活方式，生活面即地板面或接近地板面，因此保持地板面、墻面的清潔工作至爲重要，所以室内多用地毯和挂毯。

此外還有一些公共性建築。如卡烏拉，是商場，在重要城市中央選一塊面向四方道路的區域，沿街四周建造數層的店屋，將中央留作内院，此院内即是游牧民定期進行交换的地方。巴扎爾則是專業商場，如靴鞋、醫藥、珠寶等，『九市開場，貨别隧分』。被稱爲『汗』的亭館建築，是絲綢之路上常見的商旅建築，即使在荒漠之中也很高大雄偉，宛如宮殿，周圈是館舍，中央大内院專供商旅駝隊中轉休憩。在伊斯蘭教各國還有許多公共浴室，有水浴、蒸汽浴、温泉浴、熱浴、沙浴的房間，建築物常冠以穹窿，頂面開設許多小窗。浴室外還有許多休息、娛樂、交往、應酬的大小不同的廳室，成了綜合休息娛樂會談貿易的場所。龐大的鴿舍建築也是伊斯蘭教各國城市特有的建築。

（二）最有特徵的伊斯蘭教建築——清真寺（瑪斯吉特）

阿拉伯語中的masjid并不包含多少建築内容在裏面，最初衹是表示可以匍伏下來供作禮拜的場所之意，不論大小好壞，能容身即可，既没宏大的偶像，也没有豪華的設施，它反映了伊斯蘭教早期樸素的宗教思想。在古蘭經中，把圍繞在天房——克爾白（Ka'ba）四周的建築視爲神聖，稱Masjid al-Haram，這個名稱一直叫到現在，譯成漢語即是聖清真寺之意。

1 清真寺原型

穆罕默德在公元六二二年遷至麥地那以後立即建造了住宅，將其内院作爲最初的禮拜場所即清真寺，成爲後世清真寺之起源。穆罕默德在這裏帶領信徒禮拜，傳達神示，裁決信徒間的爭執，處理教團内的各種行政問題，或是及時發出種種指示，確實是後世清真寺之原型。當時伊斯蘭教拿不出什麽新建築來，衹能占用或借用其他已有宗教場所爲自己服務。最初每個城市衹建一座，隨着人口的增加和城市的擴大，在大城市裏就不衹建一座了，後來也影響到鄉村。在此時期除哈里發之外，其家族，各地蘇丹，艾米爾，大官，富商，都競相建造清真寺，爲了維持和管理，他們將所有權捐獻出來。

2 麥加與克爾白

麥加，阿拉伯語直接發音爲『瑪卡』(Makka)，是有天房的地方。近年巡禮時節，每年招待二〇〇萬以上來自世界各地的巡禮者。

克爾白（Ka'ba），漢譯作天房，是位于麥加的伊斯蘭世界最神聖的殿堂。音譯成克爾白，其原義是立方體的意思。也稱『神之宮』。全世界穆斯林每天五次禮拜都從不同的地方集中朝向這座克爾白，巡禮（哈糾、烏木拉）也是以此爲目標進行的。

現在克爾白位于聖清真寺内院的中心，它是位于大理石臺基上的長十二米、寬十米、高約十五米的石砌建築物，其四角大體指向東西南北。平屋頂有向西北傾斜的斜坡，以便排除雨水。面向東北的一面爲正面，其右邊是建築物向東的一角，在距地一·五米的高處鑲嵌着巡禮者親吻的黑石頭。在正面距地約二米高處設入口，必要時均可從安裝在外的階梯進入内部。内部大理石鋪地，用三根木柱支撑屋頂。建築物的外面覆蓋着黑色絲絨大幕，衹在巡禮期間將下部捲起。

（四）伊斯蘭教建築之評價

平面上的簡樸性并没有影響立面上的變化性。縱觀世界各系建築，外觀最富變化、手法最爲奇妙的自屬伊斯蘭建築。歐洲古典建築，端莊方正有餘而變化妙趣不足；哥特式建築雖竣峭雄健而雅味不足；中國建築則傲然之中尚藏有稚氣，而伊斯蘭建築則奇想聯翩，莊重而富于變化，雄健而不失雅致，這也就是爲什麼伊斯蘭建築能横貫東西、縱貫古今而在世界建築之林獨放异彩的根本原因。

二、專 論

（一）中國伊斯蘭教建築藝術論

建築是人類社會生活的產物，它不能不反映出人類的社會性；但它又不同于山川河流、花草樹木，那完全是自然的結果；可是由于建築建造在天下地上自然環境，大量使用自然材料，它又不能不反映出某些自然特性，因此建築明顯具有雙重性。中國伊斯蘭教建築當然也離不開這兩種基本屬性。正如前述中國伊斯蘭教是外來宗教，在傳來之初，中國文化已處于相當成熟、完善的時期，面對强大而成熟的中國文化伊斯蘭教在中國就不能不采取借用政策。其實伊斯蘭教產生之初，是很不成熟的，無論在宗教思想理論上還是在宗教建築上，不能不借用舊宗教一些有益的內容，如惟一的神、禮拜方向等，有的借自猶太教，有的借自基督教。伊斯蘭教發展迅速，在宗教建築上還未及準備，每征服一地都是借用當地舊有宗教建築，或是直接挪用或是略加改造，適合自己需要，如在近東、中東、埃及、北非、西班牙，均是如此，對中國就更加祇有借用了。另外，伊斯蘭教的禮拜建築祇是一種禮拜場所的概念，不是一個建築的概念，更不是雄偉豪華的建築概念，這一點就爲伊斯蘭教建築帶來了很大的適應性，使得它能輕易地迅速借用其他宗教、其他種族的建築，也達到迅速傳播的目的。相傳中國現存最古老的伊斯蘭教建築——廣州懷聖寺，就其形制來看完全是中國初唐盛行的布局。一根正南正北的中心軸綫，這是一般伊斯蘭教建築所没有的，中國人早在周易時代就已經是『聖人南面而听天下，向明而治』，主要建築必定正南向。大門、二門、拜月樓、禮拜殿等主要建築物都是沿着這根中心軸綫布置的。特别是大殿，現在的形制仍然是面闊五間、進深五間的長方形，長面向南，雖然已改建成鋼筋混凝土結構但形制未變，依然保留木結構的當初形制。有趣的是當改造成伊斯蘭教禮拜殿時，仍可明顯看出其當初形制。禮拜是向西的，所以將禮拜墻（基布拉）置于大殿西側，爲了盡可能利用大殿室內空間，基布拉盡量西移，移到臺階邊緣，并做出象徵基布拉的聖龕（米哈拉布）。這樣簡單地改造就足以滿足伊斯蘭教的禮拜要求了。但從建築上來看仍然未失其原來的布局形制，大殿的主體形象仍然居中、面南，殿身外的四面廊變成三面、殿身內的三間面闊增加一間西廊，惟此而已。且這些改變都是在原來大屋頂之下進行的，對屋頂形式重檐歇山式幾乎毫無影響。更有趣的是殿身向西有所偏移，但月臺却依然居于正中。在拜月樓的兩側對稱式地布置着折曲迴廊一直圍到月臺兩側，形成廣闊庭院。廊子的北端現爲分置大殿兩側的方形碑亭。就其地位和大小來看，很可能是將廊子截斷改建成的。倘如是，則這種以主要廳堂爲中心四面繞以迴廊的布局在唐代壁畫中屢見不鮮，在日本飛鳥奈良時代建築中還可看到實例，証明這種布局正是隋唐時代盛行的布局形式。所以在大殿題字中有『唐貞觀元年歲次丁亥鼎建』是不足奇怪的。貞觀元年是公元六二七年，穆罕默德連麥加尚未占領，不可能向遥遠的中國派遣傳教人員，但是并不能排斥作爲其他用途建築物的建造。不几年後穆罕默德占領麥加（公元六三〇年）、兩年後歸真（公元六三二年、貞觀六年），傳教人員或伊斯蘭教商人來到廣州因宗教生活需要將它購進改造成禮拜寺，因在遥遠的中國故曰懷聖，應説這是順理成章的事。而且早期的伊斯蘭教每征服一地都是采取這種借用辦法。當然在這裏不是征服，而是通商貿易。問題是何時被借用爲伊斯蘭教禮拜寺的，目前尚無充足的證據説明此問題，推算應在伊斯蘭教占領麥加之後不久、唐貞觀年間是無疑的。我認爲這是伊斯蘭教建築在中國的發展傳播也必然有一個借用期的自然結果。隨着人員增多、經濟實力擴大、社會地位提高，爲了顯示自身文化的不凡，同時也有望月、觀風、候潮、標志的客觀需要，于是加以改造、擴建，于是就有了光塔的産生。伊斯蘭教中稱『米那來』，是光亮、燈之意。光塔是『米那來』的意譯。塔的形式則是純阿拉伯式，與現存早期伊斯蘭教清真寺中的光塔多所相似，如伊拉克薩馬臘大清真寺的螺旋塔，摩蘇爾斜塔，埃及開羅伊本杜倫清真寺光塔等極其相似。這纔開始將自己固有的文明個別地、局部地移植過來。泉州聖友寺則是大規模移植的例證。

隨着聖友寺考古發掘的進行和諸種阿拉伯文字石刻的解讀，對其研究日趨深入和明瞭。聖友寺門樓甬道後的北墻嵌着兩塊巨大石刻。譯文：『此地人們的第一座禮拜寺，就是這座最古老、悠久、吉祥的禮拜寺，名稱艾蘇哈卜寺。建于伊斯蘭教曆四〇〇年（公元一〇〇九至一〇一〇年）。三百年後，艾哈瑪德·本·穆罕默德·賈德斯，即設拉子著名的魯克伯哈衹，建築了高懸的穹頂，加闊了甬道，重修了尊貴的寺門，并翻新了窗户，于伊斯蘭教曆七一〇年竣工。』考古發掘證明在現在地面之下有好幾層，最下一層還是紅色方磚地面，這是當地特有的做法。説明此寺已經過多次改建，當初也是中國式的，并采用當地民間做法，或許就是租用民間房屋亦未可知。但建成現在所見石頭門殿，確實是始于北宋大中祥符二至三年。重修于三百年後，竣工于元至大三至四年。現存遺物可分兩大部分，其一爲門樓甬道；其二爲大殿。基地位于塗山街北側，因此大門南向，方位略有偏移。門樓外包寬六·四米，大條石砌墻下部用花崗石，上部用輝綠岩石，墻厚達一米，門洞淨寬四·四米，門券淨寬三·八米，淨高至拱尖一〇·四米，用四心尖拱券砌成。這和中國式拱券完全异趣，是中國建築中所未見。門券内拱道又分三部分，第一部分進深恰爲淨寬之半二·二米的前門道，上置四分之一形狀的帶肋尖穹窿頂，這也是中國建築中所不見。于尖拱之上正立面嵌石刻，爲《古蘭經》第三章第十八至十九節。譯文：『真主秉公作證：除他外，絶無應受崇拜的；衆天神和一般學者，也這樣作證：除他外，絶無應受崇拜的，他是萬能的，是至睿的。真主所喜悦的宗教，確是伊斯蘭教。』其上砌方形雉堞共計八朵，中央爲小拱券牌石，其内爲第一道門拱頂部平臺，刻有『月臺』二字，顯然兼作望月之用，雉堞并帶射孔，亦有防禦作用。第二道門拱較第一道略窄、略低，淨寬三・二米，淨高七・六米，入内更爲短淺，僅一・六米，用類似鐘乳文飾（Stalactite）的四分之一石構穹窿。這種文飾更是伊斯蘭教建築所特有，祇是在這裏做得特別簡化一些，僅是一種象徵性而已。這可能和施工匠人的技術水平有關。進入到第三道門拱就更狹而低了，尖形拱券被用石條填實，成了假拱門，實際上是竪長方形的過梁式門框，淨寬僅二・六米，淨高四米；其内則是接近正方形的過廳，上砌桃尖形穹窿頂，由于表面加了粉刷使用何種砌法不明，但在解决圓方結合的問題上都是采用加抹角梁的辦法。這可能是匠人善于用木結構的證明。第四道拱門與第三道相同。出了第四道拱門石鋪甬道可以直通下去，但左手即是大殿進口。如此局促，這是中國建築上所没有的。大殿又名奉天壇。平面呈南北寬二四・八米、東西略狹二〇・四米的長方形。全部用石條砌築厚墻一周圈，但四面處理不同，北墻内外光潔平滑無修飾，居中偏東一點設門洞一孔。東墻與北墻相近，中央處設進口即主要出入口。而南墻開了八孔窗洞，每孔淨寬一・八米，淨高三米，窗間墻極小，淨寬僅〇・六米。而且窗臺墻也較低，僅二米，這些都不是阿拉伯地區建築所具有的特徵，這可能是爲適應福建省泉州地區濕熱氣候所致。西墻是禮拜墻可以分成五間，中央間特寬，達六・六米。兩次間各四・六米，兩梢間一爲五・二米，一爲四・八米。中央一間向西突出成淨空四・六米方室，如中國建築中之龜頭屋者，正面砌龕，即聖龕米哈拉布，兩側設門。上面應有穹窿頂，後世之窑殿大概即由此演變成。大殿内尚有柱礎遺迹，四行三列，縱横基本能對位，應該有十二塊柱礎，現在僅剩七塊，很難設想出魯克伯哈祇建造的高懸穹頂的形狀。大殿西墻除去每間設一門洞外，門間石墻上均砌成石拱龕，龕内砌石，石上刻經文。所有經文幾乎全是古蘭經上的。又據《泉州伊斯蘭教石刻》一書可知：『在一九七九年十一月，泉州市文物管理委員會在禮拜殿内試掘探溝，曾在地下四十厘米處獲得康熙銅錢一枚；在五十厘米深處見明天啓錢幣一枚，以及明清時代建築材料瓦當、紅磚等物；在一六三厘米處掘出北宋熙寧通寶錢幣一枚和宋代瓷片；在二〇〇厘米處發現一層黑色的鋪磚和一個方形的宋代陶香爐。』宋代以前很可能是佛寺道觀，因爲有香爐一類的宗教用品的發現，後因伊斯蘭教人員和力量增加，被挪用做伊斯蘭教禮拜寺，至伊斯蘭教曆四〇〇年，伊斯蘭教勢力更加擴充，遂改建成阿拉伯式，至七〇〇年再次改建成帶有福建地方特色的阿拉伯式禮拜寺建築，其遺迹保留至今。

杭州真覺寺，俗稱鳳凰寺。杭州巨麗始于唐，奠基于吴越國八十餘年的和平建設，至北宋繼廣州初置市舶司之後于端拱二年（公元九八九年）亦置市舶司，足證其國際貿易之發展。據初刻于明嘉靖二十六年（公元一五四七年）《西湖游覽志》載：『宋室徙蹕，西域夷人，安插中原者，多從駕而南。』可反證北宋时是有許多西域夷人的，南宋時隨從宋室南渡杭州。加上杭州固有的西域夷人，在杭州就很可能構成一種社會勢力了。《西湖游覽志》上就有明確記載：『鎖懋堅，西域人，扈宋南渡，遂爲杭人。』杭州人當中竟有西域人的血統。這説明了在南北宋時杭州就有相當數量的西域人即回民了。因此也就有了借用或建造伊斯蘭教建築的社會需要和可能，衹是没有遺物保存到今天。元代是民族融合的時代，杭州的回民猛然大增，至至元辛巳（公元一二八一年）（杭州府志等謂延祐間，公元一三一四至一三二〇年）在文錦坊南回回大師阿老丁建造了真覺寺。今存者爲磚砌厚墻支撑的窑殿。共三間，居中一間較大，正方形平面，西側設聖龕，東側設開闊的拱券形門洞一座，并以連接體與大殿相連。兩側開較小之門洞，各兩券，四内角于高處始有菱角牙磚砌出墻角，其上再砌一層皮條磚，如此重復叠砌十三層，而每層均砌成圓弧形，至第十四層即可交圈構成一個完整的大圓圈式基座。爲避免單薄感，再砌一層菱角牙磚及皮條磚，其上即砌半球形穹窿頂。利用菱角牙磚尺寸小、易轉動，最下層衹一塊，砌在内角，出一挑，第二層用兩塊，略有彎折，再出一挑，如此隨着高度的增加菱角牙磚塊數也增加，彎曲度也增加，用叠澀環折的方法，巧妙成功地解决了天圓地方、方圓結合的問題，這是伊斯蘭教帶給中國磚石結構上的新成就。在外觀上兩側是中國式的六角攢尖頂，中央是八角攢尖頂。用檐三層，將兩層突出于屋頂之上。這不單是一個建築形式問題，更多地反映了中、西文化的結合問題。寺内存波斯文碑一方，惜未睹其内容。清碑記阿老丁是『瞻遺址而慨然捐金，爲鼎新之舉』，則其始建必在宋時。宋人范祖述所著《杭俗遺風》所載甚明：『回回堂在南大街文錦坊地方，係回回教民聚衆禮拜之所，故一名禮拜寺。其堂四方壁立，高五六仞』，每仞七尺，每宋尺約合〇·三〇七米，五仞是一〇·七四五米，六仞是一二·八九四米，與前述穹窿頂較小高度一一·三二米差〇·五七五米，和中央較大穹窿頂高度一二·八三米僅差〇·〇六四米，與實際存在相當吻合，足證宋人記載非虚，故我認爲窑殿部分的歷史較一般認爲是元代遺構可能更早些。范祖述生于北宋，記于南宋初年杭州風俗，如是南宋初年新建他必然感覺新鮮，今見其文字毫無新奇之處，斷非南宋所爲，這又使我不能不和市舶司的建立聯係起來。看來『回回教民』、『回回堂』自唐創立以來并未間斷，而又以此記載最早、最明確。

揚州仙鶴寺，在府城内偏東太平橋北。宋德祐間（公元一二七五至一二七六年）西域僧補好丁建。德祐是南宋末帝趙顯年號，補好丁今譯作普哈丁。在四大古寺中應該説是中國化程度最高的一座。建築形式全用中國建築的磚木結構，平面布局則是根據伊斯蘭清真寺的需要，呈規則地自由布局。所謂規則是指所有房屋都是東西向，個别有南北向者，但都保持着相互垂直的關係，有條不紊，表現了非常强烈的秩序性；這是正統伊斯蘭教建築所不多見的。所謂自由是指没有中心軸綫，也没有縱深布局，更没有左右對稱，完全依據功能需要和順序安排建築，這又在中國建築中所少見。大殿是主體，面積達六一二平方米以上，占用地面積的一小半，位于基地的北半部，通面闊二一・八五米，通進深二八・〇一米，而呈東西向，這樣纔保證禮拜方向朝向正西——麥加方向。傳聞普哈丁是伊斯蘭教先知穆罕默德女婿阿里支系第十六世裔孫，於南宋末年來揚州，創建仙鶴寺，寺成後往山東各地游歷，德祐元年由濟寧返揚州時病故舟中。在普哈丁之前揚州是首屈一指的國際貿易城市，可惜没有留下更多的實物和文獻。

從四大古寺的現存情况我們可以看出早期伊斯蘭教建築在中國發展的大體規律，隨着伊斯蘭教在中國逐漸固定化和擴大化，伊斯蘭教建築也更加中國化。

（二）中國伊斯蘭教清真寺内建築之造型

中國的伊斯蘭教清真寺就其造型形式、風格來説，大體上分兩大類。一、以回族爲代表的回族清真寺；二、以維吾爾族爲代表的維族清真寺。

回族清真寺，分布在全國各地，他們長期以來與漢族混居同一地區或城市鄉村，操漢語，接受了漢文化影響，在清真寺方面也表現出明顯的漢式建築影響。在建築材料上采用木材與磚瓦石灰，在結構上用擡梁式木結構，夯土墻或磚墻圍護，置木質隔扇門窗，高級講究些的采用斗栱、彩繪。小型清真寺多深入穆斯林居民區内，以便每日五次禮拜的需要，大型的則選在城市鄉村明顯易尋、交通方便，或與墟集市場、名勝古迹結合的地方。由于是木構建築，單體體量較小，不得不采取群體組合，組合布局形式大都采用中心軸綫、縱深布局、左右對稱的方式。前提是必須保證禮拜的方向朝向（基布拉）麥加天房，在中國地區則是人們觀念上的西向。具體建築種類、數量、規模、等級及室内外裝修、綠化環境等，則視當地穆斯林的具體實力、地位、影響和要求而不同。也有用中心軸綫不明顯、左右不對稱的自由布局的。不論何種布局，以下建築似不可少。

1 照壁，一般有内外大小之分，雖是磚砌一堵墻，放在道路的另側，正對大門樓，成爲該寺的重要標志，也是中心軸綫的起點，增加了完整性。壁由三部分組成，下爲磚或石砌基座，中爲青磚實砌或青磚包砌土芯墻身，外加種種裝飾，或是經文，對真主的禮贊，或是吉祥圖案，全用植物紋樣。此部有高低大小、簡單複雜和豪華壯麗之分，以與該寺相稱爲宜。上爲墻頂，多起脊蓋瓦，甚至用斗栱、琉璃者。對于形成門前廣場，迴旋車馬、組織人流、車流起到很大作用。

2 大門，因帶有屋頂，常稱大門樓。以單間、三間爲多。屋頂多爲硬山式、懸山式或歇山式，中間闢門，兩側設門屋。兩側爲寺墻，以界分内外。門上均有匾額，多題寺名。

3 牌坊或牌樓，牌坊僅爲一種標志性的小建築，最簡單的可以是單間兩柱加一道横枋即成，可以是石製，也可以是木製。枋上加屋頂就成爲牌樓。設于大門之前，或兩側，也有設在院内的，形式多種多樣，視需要而定。大部分用來壯觀瞻，突出醒目，界劃内外，分割空間，增加空間層次的作用。

4 二門，爲增加空間的層次性和礼仪性大都有二門之設。一般爲單間門樓形式，北方多用垂花門或屏門形式，小巧精美。

5 邦克樓，『邦克』是波斯語『Bang』的音譯，意爲『召喚』，宣禮員届時向所在地區教民高聲召喚，念一段召禱詞，并多次重復，意即：『禮拜時刻到了，請準備做禮拜！』，爲使聲音傳播較遠，故建高樓或高塔。樓塔有木構、磚構、土構或混合構。形狀有四方、長方、八角、六楞，甚至圓形。有兩層、三層、五層者。

6 望月樓，也有叫拜月樓、明月亭的，也是清真寺内不可缺少的建築物。伊斯蘭教規定教徒每年必須守齋一個月，在齋戒期間白日不得進食，而且將齋月定在九月，即伊斯蘭曆的萊麥丹月。因此須在八月的最後一日傍晚觀察新月，以定封齋的具體日期。同樣在九月最後一日傍晚觀察新月以便决定開齋日期。以兩位有威望的穆斯林所見爲準。因此就需要在清真寺内選擇高敞處建造高聳樓閣建築，以供望月之需，有的則與邦克樓合一。

7 南北講堂，明朝中葉有回人胡登州（公元一五二二至一五九七年）朝覲麥加歸來，立志興學，在清真寺内講授經卷，開始出現了講經堂建築。分别置于大殿前南北兩側，呈對稱之勢。多爲三間，亦有五間者，規模不大，不事奢華，多淨爽雅麗，頗見伊斯蘭清純至真之精神。開始盛行于陝西，逐漸推廣到全國各地。

8 大殿，是清真寺内的主體建築，置于寺内的主要地位。首先決定麥加天房（克爾白）所在方向，均在大殿西側，這是必須遵循的禮拜方向，是不容絲毫變通的。禮拜對象幾乎是用背面朝西的一道墻來代替，因此這堵禮拜墻的東向正面就成了信徒們的禮拜空間。爲了盡可能多的容納信徒，空間要盡量地擴大，因此大殿多爲大廳式，殿内無分隔。爲了支撑龐大的屋頂，又保留了無論木結構、石結構皆有的多柱大廳的特徵。禮拜墻上還要設置一個標志物，一般作成龕門狀，集中進行裝飾，紋樣豐富華麗，也有簡約古樸者，僅書寫真主贊詞，『安拉是惟一的神，穆罕默德是真主的使者』，稱此爲『米哈拉布』，漢譯成『聖龕』。其左側設置帶階梯欄杆和棚蓋的臺座，示穆罕默德講經説法用的道具，稱『明貝爾』，漢譯宣諭臺或講經臺。基布拉、米哈拉布、明貝爾這三者是構成伊斯蘭教清真寺大殿最基本的三要素，是絶對不可缺一的。信徒匍匐在地的禮拜空間則在此禮拜墻东側，垂直向前平面式延伸，根據氣候條件可分成内殿、中殿、外殿。這樣常形成縱深大于面闊的平面形式，這一點恰與中國建築的一般習慣相反。中國建築的一般習慣是面闊大于進深的矩形平面，上覆屋頂，山花朝向兩側。如此，清真寺大殿屋頂將特别高大。因此單一的一個大屋頂創造性地被分成幾個小屋頂，連成一體，稱『勾連搭』，這種屋頂形式，是在清真寺大殿中最常見的一種形式。屋頂和屋頂之間交成一條大天溝，成爲排水處理的難點。一般做成歇山頂，山花突出，山面坡連成一體，在圓明園内起了個非常别致的名稱——『天地一家春』，上下覆蓋在一個屋頂之下形成一個春天般温暖的空間。殿内不置偶像，没有中心，衹要向西禮拜即可，和禮拜所在位置無關，因此平面圖形可依據需要布置成任何形狀，所以造型極爲豐富而奇特，這是中國其他類建築所無法比擬的。許多清真寺大殿爲了突出自己在連檐櫛比建築中與衆不同的地位，常將米哈拉布部分突出出來，聖龕所在位置常作成特别的形狀如磚構穹窿，或特殊形狀的天花、藻井，一般多稱此爲窑殿。磚砌四壁，上承磚砌穹窿，外加中國式瓦屋頂包裹起來，甚至另建塔狀層樓，成爲清真寺的明顯標志。

大殿之前設置前廊——捲軒。殿内過的是高地板生活方式，等于席地而坐，簡陋者鋪炕席，華貴者鋪地毯，保持清潔是殿内生活所必需，入殿須脱鞋靴，着鞋者不得入内；出到殿外則又必須穿靴鞋，這一點與漢族習慣迥然不同，這道前廊作爲内外空間過渡和靴鞋的脱換處是絶對不可缺的。在主麻日即聚禮日，大殿内人滿爲患，常常在庭院内露天禮拜。因此一般清真寺内還都設置露天的大庭院。

9 水房，爲信徒禮拜前淨身之所，小淨眼耳鼻舌手足，大淨全身沐浴。因此多布置在大門兩側或大殿後側。有水池，公共更衣處，淨身小間等。

10 對廳：與大殿相對而得名，其功能作用亦是講習經卷與接待客人之用，其形制多三間、五間不等，同于一般民房。

11 其他，在清真寺内還常見到碑亭、鐘鼓樓、阿訇住宅、接待辦公、庫房及古墓等不一而足，多是因地制宜，無一定之規可循。

維族清真寺多是自由布局，既没有明確的中心軸綫，也不强調左右對稱，更没有四合院。大殿内則可用密梁、密肋木構平屋頂的形式，也可用大小不等的穹窿群等磚坯或磚塊結構形式解決。像艾斯尕爾清真寺，它也有圍墻、大門，大門正面是高大的屏風墻，墻兩側設圓形小塔，墻中設桃尖形大拱券，券内置大門。門内置寬敞的門殿，上置圓形穹窿頂。

（二） 漢式四合院式的寺院布局

漢式道觀寺院等宗教建築實際上都是居住建築的變種，仍然延續着住宅建築的基本特徵，一正兩厢加門屋的四合院式。不敷使用時，就沿中心軸綫向後增加，一進、兩進、三進、四進，由需要決定，形成一連串的庭院布局。這就是所謂的縱深布局，産生了『庭院深深深幾許』的深邃莫測的藝術效果，也明顯表現了建築的秩序性。西安華覺巷清真寺是最典型的示例。但在伊斯蘭教中并不强調那末森嚴的等級性，相反倒强調『天下穆斯林是一家』、『是兄弟』，大家都是安拉的子民，穆罕默德也不過是安拉的使者，大家都是平等的。禮拜寺祇不過是禮拜的場所，仍然是世俗的，并不是神佛的居處；這一點可能是清真禮拜寺和佛寺道院最本質上的區别。因此大部分清真寺雖然采用院落式，但進數并不多。一般將正房做成主要的禮拜場所，容納不下時向後擴建，形成面闊有限而進深發展的特徵。祇要禮拜時能面向麥加就行。而麥加的方向是籠統的西方，并不需要求得準確的地理方位。這就使建築更加方便了很多。漢式正房向來都是『以南向爲主』，這樣祇要旋轉九十度就可以了。有時天氣好，還可以在院子裏舉行集體禮拜，伊斯蘭教内稱爲主麻聚禮，因此庭院也盡可能的寬敞，西寧東關大寺是此類典型。如果以朝向麥加（即西向）爲典型，則最自然的形式就是東向了，以東向爲最順。兩廂就是南北講堂，可以是三間，也可以是五間。如果原院子深長時，還可以分開作成兩棟、三棟。前面再加二門、大門，北京東四清真寺即是其例。北京牛街禮拜寺基地朝向恰好相反，牛街是南北街，寺在街東側。大門居中、臨街就成了無法通行到底的假門，僅是象徵性的。真正的通行路綫要分向兩側，這樣纔能把中央部分讓出來設置禮拜大殿和庭院。就整個禮拜路綫來看它是『獅子倒回頭』的形式。我們今天的路綫是從南側胡同進來，經過水房北側，達大殿南側繫廊，經過廊間小門或跨過廊間欄杆進入大殿捲軒。這種走法當然對一般穆斯林是可以的、允許的，但不是正規的。我想如果哪一位伊斯蘭教國家元首要來禮拜，總不能也是跨越廊子欄杆。因此我一直懷疑邦克樓前的五間倒座很可能是當初的門樓或穿堂，在寺東側有可供通行的胡同，後來建立回民小學給截斷了，但又找不到根據。所以即使是簡單的四合院形式，由于宗教要求、地形限制、人們活動等使布局千變萬化，大都會形成完善的總體布局。

(四) 中西合璧式的中國伊斯蘭教建築的裝飾

裝飾在中國伊斯蘭教建築中的地位無疑處于更加重要而不可缺少的地位，可以説它也是跨越極廣的伊斯蘭教共同因素之一。如果説其他體系的建築缺少裝飾尚能存在的話，而伊斯蘭教建築沒有裝飾就一刻也不能存在。裝飾之對于伊斯蘭教建築的確是至關重要的。凡目之所及都必須用花紋裝飾起來，決不留空白，甚至有人稱此種現象爲『空白恐懼』。中國伊斯蘭教建築裝飾的藝術特徵也是如此，衹不過是建立在中國木構、磚構傳統上，發揮了彩畫、雕刻的技法特徵，不似一般伊斯蘭教建築多用『瑪席克鑲嵌』或灰泥雕塑。中國許多著名清真寺均以精美的彩繪藝術見長。如西安華覺巷清真寺、北京牛街禮拜寺、山西太原清真寺、山東濟寧東大寺等其後窑殿及聖龕上的彩畫藝術，精美絶倫；大殿內的彩畫，則顯得富麗堂皇。一般而言，華北地區的清真寺多用青綠彩畫，西南地區多用五彩遍裝，西北地區喜用藍綠點金，無論哪一種無疑都是漢式彩畫傳統的延續。這些彩畫的共同之處大部分是幾何性劃分，其內所填充的內容也都是螺旋、菱花、牡丹、荷蓮、石榴等植物紋樣、幾何紋樣，漢族喜用的龍、鳳、獅子、麒麟等紋樣則拒絶采用。這是中國伊斯蘭教建築裝飾藝術的一個顯著特徵。

（五）阿拉伯文字書法在建築裝飾上的應用

伊斯蘭教建築和中國傳統建築、和中國伊斯蘭教建築裝飾藝術上的共同之處是都運用書法文字藝術所特有的裝飾美爲建築藝術服務，這是其他建築藝術體系中所不見的。阿拉伯語文字形式比較完備系統化是在公元六世紀初期，它脱胎于奈伯特文字，經伊拉克的希拉、安培爾及臺德木爾等地區流傳到阿拉伯的希賈兹地區，形成兩種比較統一規範化的形體：一稱『庫法體』，又名『棱角體』；二稱『納斯赫體』，又稱『盤曲體』。由于古蘭經的謄抄，于是形成了抄寫者個人和地方特徵，出現了麥加體、麥地那體、巴士拉體、伊拉克體、伊斯法罕體。到倭瑪亞朝時開始運用到建築、繪畫、雕刻等方面，成爲一門裝飾性很强的藝術。阿拉伯字母點的增設使得阿拉伯書法更加適應時代的需要，藝術形態更趨成熟。阿拉伯書法奠基人古特白穆哈里爾，他創造出杰利勒體、圖馬爾體、蘇勒斯體和蘇勒賽尼體。阿拔斯朝是阿拉伯帝國的鼎盛時期，公元八世紀下半葉中國造紙術的傳入提供了理想的書寫材料，促進了書法藝術的發展。阿拔斯朝書壇三杰之一的伊本穆格萊確立了幾種統一使用的書法體：一、蘇勒斯體；二、納斯赫體；三、簽署體；四、雷哈尼體；五、穆哈嘎格體等。還製定了字的規範寫法。稍晚期的伊本白瓦卜有書聖之稱。他推廣了先進的蘇勒斯體、納斯赫體、利喀阿體、雷哈尼體。公元十三世紀雅古特穆斯泰西米吸取納斯赫體、蘇勒斯體特長創造了新書體——雅古特體。埃及的法蒂瑪王朝自九世紀中葉就和巴格達爲代表的中央政權抗衡，形成另一書法中心——開羅。各種優美的書法藝術不僅用于古蘭經、公文、手稿的謄寫上，還廣泛用于宫殿、清真寺、書卷裝幀、紙幣及工藝品上。到瑪穆爾克時期達于鼎盛。當時埃及主要盛行的書體有圖馬爾體（包括兩個簡體：穆哈嘎格體和蘇勒斯體）、簽署體、利咯阿體和歐貝爾體。奧斯曼土耳其時期阿拉伯書法中心又轉移到土耳其。在前人書法體基礎上又推出新書法體盧格拉體、迪瓦尼體、杰利尤迪瓦尼體及花押體，其中花押體爲土耳其人所獨創。近現代在繼承的基礎上又有了新發展，產生了現代造型書法體、自由美術體、印刷體以及簡單方便的行書體。阿拉伯書法體種類繁多，達八十餘種。

三、建築實例

（一）沿海地區

1 伊斯蘭建築在中國的最早實物——懷聖寺

至少在傳説上是中國地面尚存在的最早建築實物——廣州懷聖寺，一般稱它是中華清真第一寺。大殿是一九三五年重建的鋼筋混凝土結構，當然無『古』可言，但在梁下却有題字不容忽視（圖一）。

懷聖寺創立于初唐是可信的，不可信的是貞觀之初，特别是貞觀元年，那是絶對不可能的。再從整個寺院布局形式來看，大門南向，一進門是狹窄的弄堂，前面是木構的望月樓，作爲二門樓，樓兩側是抄手圍廊，向北折，將居中大殿圍合起來，大殿顯係木結構形式。但禮拜方向却依據伊斯蘭教要求轉爲西向。除此之外可以説都是唐代極通行的寺院布局形式。有一條明確的中心軸綫，大門、二門、拜月樓、大殿等主要建築物都沿縱深方向布置在這條軸綫上。大殿位于最重要的位置上，南向爲主，三面環廊，左右對稱，將西山墻作爲禮拜墻，并設聖龕和宣諭臺。仍以南側為前，設大月臺及寬闊的庭院。殿前正中設拜月樓，兩側連以抄手廊，將殿前庭院圍合，與日本法隆寺的布局多相似之處，而日本法隆寺的布局公認爲多隋唐之風。再從殘存較古的光塔形式來看，的確是中國大陸上所未見之形式，其原型應是伊拉克·薩馬臘大清真寺的螺旋塔，單塔，獨立布置在圍廊之外，最下層爲方形平臺，其上是實心的圓形塔身，梯級環繞塔身外周，環繞而上，最頂上還有一個小塔，實際上是一座燈臺，故這種高聳的細長建築物，在伊斯蘭建築中也叫『米那來』（manāra）。其外觀粉成黑色，上下渾然，除了必要的透氣小孔外，無任何飾物。自外表觀之完全是异國情調。

當然，作爲具體建築物都有可能毁之又建、建之又毁，不知幾毁幾建，但布局形式却基本未變。我以爲不管是斡葛斯也好或其

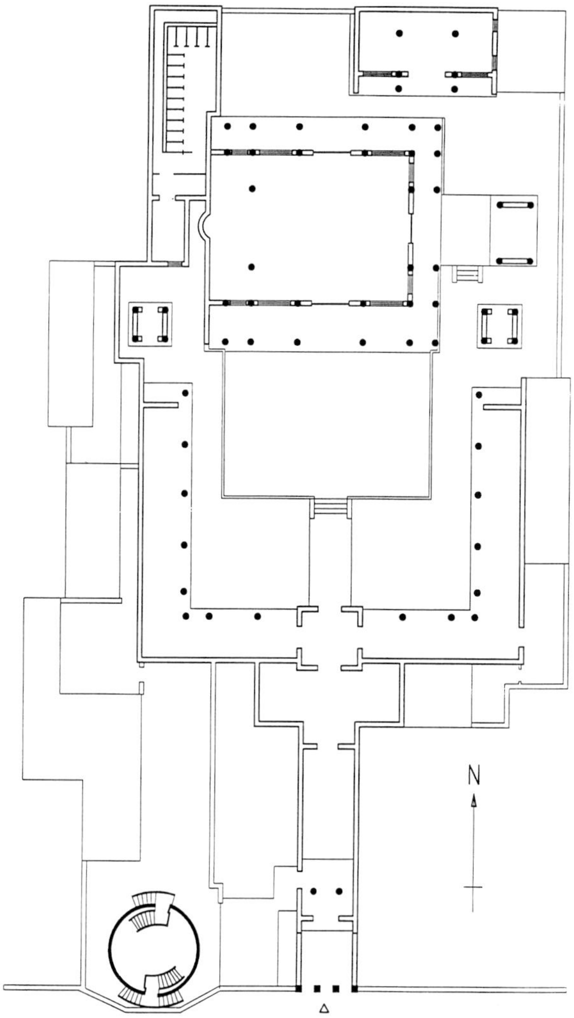

圖一 廣州懷聖寺

他什麼人也好，他們初來中國必然是租用中國舊有住房或寺廟，依照伊斯蘭教要求予以一定的改造，然後再新建一些伊斯蘭教所特有的建築，以爲標志。這就是爲什麼大殿和總體布局都是中國傳統式而光塔確實是异國情調的最合理解釋。

由于南宋人岳珂（公元一一八二至？年，宋名將岳飛裔孫）在『桯史』中記有此塔，又可證當在南宋之前確已存在，而且所記特徵與實物完全吻合，如：

『後有萃堵波，高入雲表，式度不比他塔，環以壁爲大址，纍而增之，外圜而加灰飾，望之如銀筆。下有一門，拾級而上，由其中而圜轉焉，如旋螺，外不復見。』

再從元代碑記載來看，早在公元一三五〇年即六五〇年前就認爲是『傳自李唐』，這應是一點不假的。該碑原還有阿拉伯文字三行半譯之曰：

『清高的真主說：「祇有篤信真主和後世者纔配管理真主的清真寺。」先知穆罕默德——祝他平安——說：「誰建造一座清真寺，真主將在後世爲他興建七十座樂園。」這座尊貴的名爲先賢大寺，係馬斯歐德和馬合謀大元帥（重建）。（缺字）祝馬合謀大元帥永享崇高（缺字）。

時在七百五十一年七月　日

（哈吉艾德）嘉　撰文』

在這裏須特别一提的是紀年，伊斯蘭教曆七五一年七月，應是公元一三五〇年九月，約略可換算成至正十年八月，這三種曆法的換算是相當準確的，因此也是靠得住的。

光塔露出地面以上部分高三五·七五米，地下尚有土埋部分。雙層磚壁套筒式結構，塔底外圍周長二六·六五米，半徑四·三三米，內壁中用土填實，成爲塔心柱。雙壁間砌蹬道兩條，相對盤旋而上，從底至頂各爲磚階一五四級。塔身內外均墁白灰，外表光潔古樸，望之確如銀筆（圖二）。

2 泉州聖友寺

這是伊斯蘭教在中國的另一座古老清真寺建築。位于泉州市塗門街（通淮街）北側。從現在所存建築的布局來看，不是十分有規律的，與廣州懷聖寺不同，沒有明確的中心軸綫，顯然不是中國傳統寺廟布局，依然保持了阿拉伯地區簡單樸素的布局形式。大門與大殿分離，大門朝南略偏西，本地產的青石砌築，在大殿東側，南墻沿街取齊，相距不足三米，將大殿的東立面遮去大半，當然這種關係不能說是合理的（圖三）。大殿具有十比九的矩形平面，通面闊三十餘米，進深二十七米餘，分成大小不等的五間，進深四間，全部

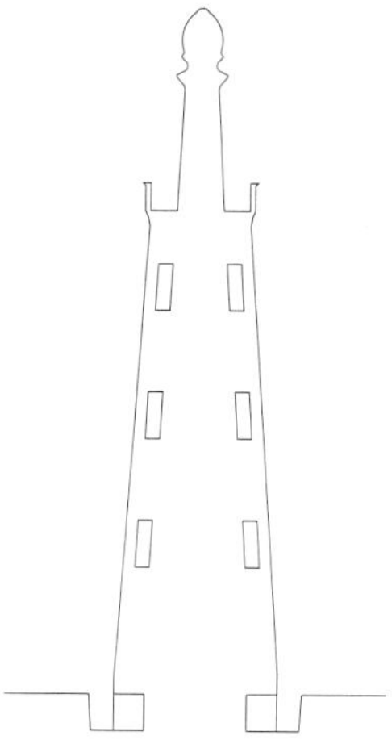

圖二　廣州懷聖寺光塔剖面圖

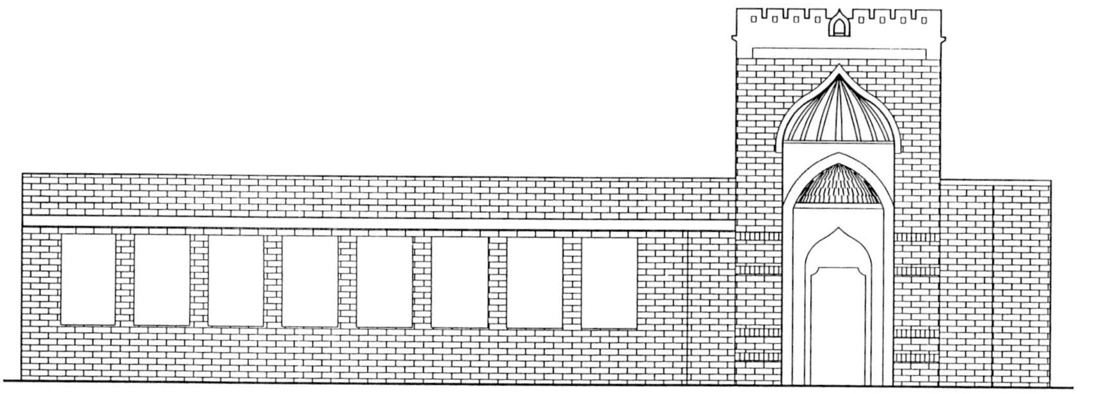

圖三　福建泉州聖友寺沿街立面圖

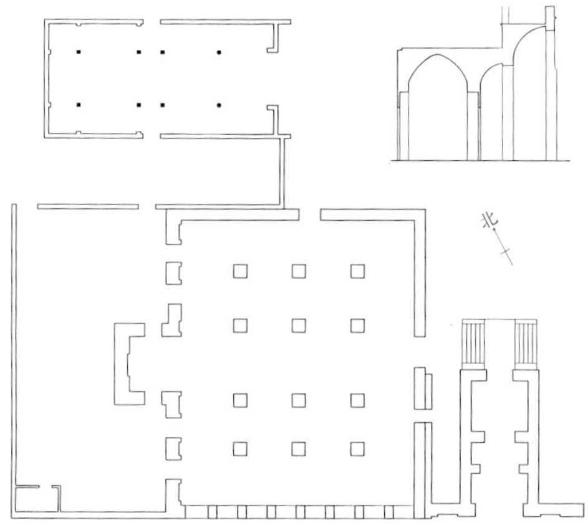

圖四　福建泉州聖友寺總平面圖

石砌，四周用厚墻承重，內部用木柱或石柱承重。東墻于明間和南次間處開門洞，不對中，向北偏移。北墻僅設一小門，與北側明善堂聯係，南側沿街開八窗，而且較大，窗洞面積占截面的百分之六十四，這都不是伊斯蘭建築的特徵，特別是沿街建築是絶對不許多開窗、開大窗的，這或許是對泉州濕熱氣候之需要所致。西面墻次、梢四間全部開大窗，明間另設小方室向西突出，爲麥加方向之標志，這倒是純阿拉伯式的。壁上再設淺淺的凹龕，作爲禮拜的方向。通高二五四厘米、寬一七四厘米，浮雕七行阿拉伯文。漢譯爲『除真主外，無可崇拜，穆罕默德是真主的使者』等共計二七九字，多爲古蘭經上的相關章節（圖四）。

真正與建築相關的是大門甬道內北墻上鑲嵌的兩塊阿拉伯文石刻，花崗石鑿成，每塊長五三五厘米、高三五厘米，漢譯如下：

『此地人們的第一座禮拜寺，就是這座最古老、悠久、吉祥的禮拜寺，名稱「艾蘇哈卜寺」，建于（伊斯蘭曆）四〇〇年（公元一〇〇九至一〇一〇年）。（伊斯蘭曆）三百年後（公元一三〇〇年）艾哈瑪德本穆罕默德賈德斯，即設拉子著名的魯克伯哈祇，建築了高懸的穹頂，加闊了甬道，重修了高貴的寺門，并翻新了窗户，于（伊斯蘭曆）七一〇年（公元一三一〇至一三一一年）竣工。此舉爲贏得至高無上真主喜悅，願真主寬恕他，寬恕穆罕默德和他的親屬。』

據此，第一、可知此寺的正式阿拉伯文名稱爲艾蘇哈卜清真寺。漢譯名仍不清。第二、可知此寺創建于伊斯蘭曆四〇〇年，公元一〇〇九至一〇一〇年，中國北宋真宗趙恒大中祥符二至三年。第三、可知三百年後進行重修。此三百年無疑是伊斯蘭曆的紀年，相當于公元一三〇〇至一三〇一年，中國元成宗鐵木耳元貞四至五年。第四、可知現在所觀門樓確實是元代建築。第五、可知重修者是伊朗設拉子城的魯伯克。第六、可知大殿具有高懸的穹頂。

但從現存平面布局來看柱礎較小，柱子較細，且其位置均不能構成穹頂所需的正方形，穹頂無法構造，衹有在米哈拉布所在的方室上纔有可能，大部分是木梁平屋頂。

一九七九年十一月，泉州市文物管理委員會在禮拜殿内試掘探溝，曾在四十厘米處掘得康熙銅錢一枚；在五〇厘米處得明天啓銅錢一枚；以及明清時代的磚瓦等物；在一六三厘米深處掘出熙寧通寶和宋代瓷片；在二〇〇厘米深處發現一層黑色的鋪磚和宋代陶香爐。看來發掘所得與歷史文獻記載還是相符合的。北宋時代前期建寺，元代大修，明代後期塌毁，因是木構平頂，對墻壁没造成重大損傷，所以大殿纔保存了完整的墻面和銘文。而且銘文的字體書法和大門樓的字體書法一致，故亦可斷爲同時代建築。

大門樓全用石砌，下部用花崗石，上部用輝緑岩石，基闊六六〇厘米，通高一一四〇厘米，應該説是小型簡化了的伊朗式伊斯蘭建築，正立面可視爲接近于一比二縱長方形的屏風墻，兩側省去光塔。門墻正中開設寬三八〇厘米、高一〇一三厘米的桃尖形石拱門，兩側設厚墻與門墩，砌出龕券以爲裝飾，後墻則爲第二道門洞的開始；平面呈横長方形，頂子則是桃尖形的半穹窿，與墻體的圓方過渡部分用抹角梁，并用八條支肋，分成八瓣，省去了複雜的鐘乳飾，如同伊朗稱『伊萬』的門殿。第二道門洞既窄且低，淨寬三〇〇厘米、高六六三厘米，構成形式與前者同，穹窿的内面刻成龜甲紋，構成層列，亦是鐘乳飾（或稱蜂窩飾）之遺韵。第三道門洞則更加矮小，但是平面爲正方形，其上爲完整的桃尖穹窿。後墻上的拱門高僅四〇六厘米。門洞之上是平頂，依據門拱的不同高度而呈兩級階梯形，兼作望月臺使用。正面樓額嵌一長五六〇厘米的花崗石阿拉伯文石刻，是古蘭經中的第三章十八至十九節，不是寺院的名稱或題記，這一點是和中國的傳統不一樣的。艾蘇哈卜清真寺的基本構成方式應該説是比較接近阿拉伯半島的純正伊斯蘭建築方式，其中夾雜了對中國福建適應的因素，是非常珍貴的國際文化交流的例證，已被公布爲國家重點文物保護單位。

3　杭州鳳凰寺

明田汝成輯撰『西湖游覽志』第十八卷：

『真教寺，在文錦坊南。元延祐間，回回大師阿老丁所建。先是宋室徙蹕，西域夷人，安插中原者，多從駕而南。元時内附者，又往往編管江、浙、閩、廣之間，而杭州尤夥，號色目種。隆準深眸，不啖豕肉，婚姻喪葬，不與中國相通。誦經持齋，歸于清淨。推其酋長統之，號曰滿剌。經皆番書，面壁膜拜，不立佛像，第以法號祝贊神祇而已。寺基高五六尺，扁錫森固，罕得闌入者，俗稱禮拜寺。』

這一段記載了明朝人對伊斯蘭的基本了解，也説明了杭州清真寺的由來和至少爲元時舊物。

該寺位于現在杭州市區舊城内南北幹道中山中路二二七號，坐西向東。舊有五層塔樓式大門，公元一九二九年因拓寬馬路工程被拆除。現在臨街爲店鋪，中央設大門，爲普通二層民房，門上題額『鳳凰寺』。入門爲公元一九五三年新改建大殿五間，用新式鋼筋混凝土三角形門式剛架為骨架，正面設單間屏風式門廳，向前略突出，中間開一高大的火焰形拱門券，其内設門，兩側各開拱形大窗二孔。其後即爲磚砌厚墻支承的窑殿。共三間，居中一間較大，正方形平面，西側設聖龕，東側設開闊的拱券形門洞一座，并以連接體與大殿相連。兩側開較小之門洞，各兩券，四内角于高處始有菱角牙磚砌出墻角，其上再砌一層皮條磚，如此重復叠砌十三層，而每層均砌成圓弧形，至第十四層即可交圈構成一個完整的大圓圈式基座。爲避免單薄感，再砌一層菱角牙磚及皮條磚，其上即砌半球形穹窿頂。利用菱角牙磚尺寸小、易轉動，最下層衹一塊，砌在内角，出一挑，第二層用兩塊，略有彎折，再出一挑，如此隨着高度的增加菱角牙磚塊數也增加，彎曲度也增加，用叠澀環折的方法，巧妙成功地解決了天圓地方、方圓結合的問題，這是磚石結構上的新成就。

寺内現存康熙九年（公元一六七〇年）碑載：『……創自唐，毀于季宋。元辛巳年有大師阿老丁者，來自西域，息足于杭，瞻遺址而慨然捐金，爲鼎新之舉。表以崇閎，繚以修廡，煥然盛矣。無何，而守者不戒復毀焉。按洪武中，有咸陽王賽典赤七代孫賽哈智赴内府宣諭，允各省建造禮拜寺，歷代賜敕如例。大清定鼎，……而吾教之行于中土較前尤盛。順治丙戌歲（三年，公元一六四六年），中州蘇公見樂，來鎮□□，捐俸重建。飛丹流堊，其巍煥殆甲于中土焉。……』考元代有兩個『辛巳』年，前一個爲元世祖忽必烈至元十八年，公元一二八一年。後一個是元順帝至正元年。到底是哪一個？在明弘治六年（公元一四九三年），『杭郡重修禮拜寺記』碑載：『……回輝國出自西域，來居中夏，所至則建寺。……杭郡禮拜寺在西文錦坊之南，東向屹立，□嘗造焉。中間不設形象，惟庋天經一函，并署其先代設教之聖尊名號，……寺創于前元世祖至元辛巳，回輝國永世守之，迄今二百一十年如一日也。』此碑明確指出辛巳年是元世祖忽必烈至元十八年，正是國力强盛之時，將毀于宋末的禮拜寺『鼎新』之也是符合時代需要的。北宋人范祖述著『杭俗遺風（餘聞？）』中記載：『回回堂在南大街文錦坊地方，係回回教民聚衆禮拜之所，故一名禮拜寺。其堂四方壁立，高五六仞，迎面彩畫，有回教寺匾額，中間圓門，上造鷄籠頂，兩旁列石欄。』

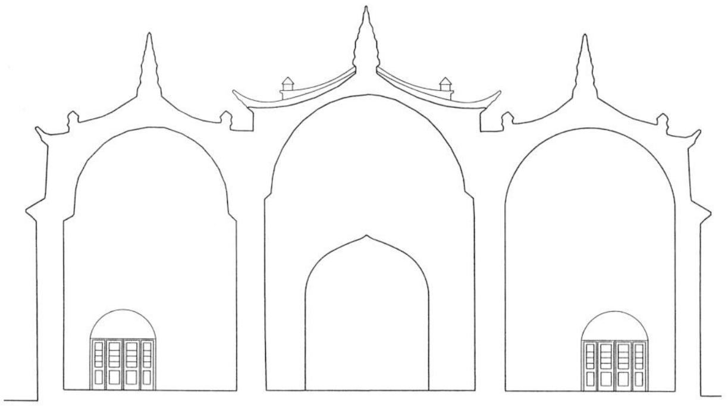

圖五　杭州鳳凰寺後窑殿剖面圖

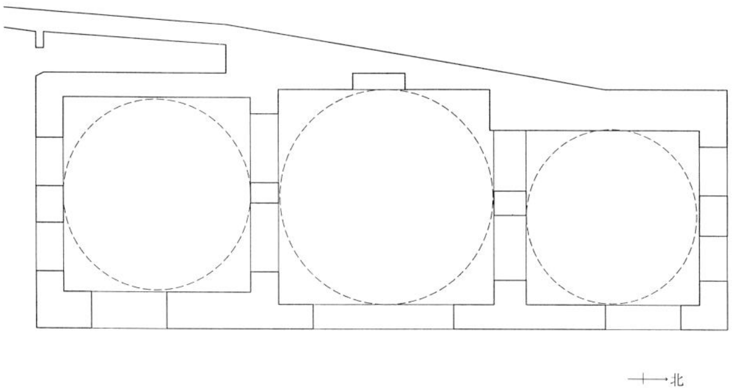

圖六　杭州鳳凰寺後窑殿平面圖

後窑殿平面呈長方形，正面墻整齊劃一，外包通面闊二八・五五米，分成三間，中央明間最大，半球形穹窿直徑八・二四米，構成八・八米正方形平面的淨空間。而四周的支承墻壁厚度不等，前、後墻厚○・九六四米，兩側墻厚一・二四米。北側穹窿直徑爲六・九米，南側穹窿直徑爲七・三二米，相差○・四一米。南北側室的淨空間也不一致，都是七・四五米的正方形，北側是七・○四米。南北山墻厚度約是一樣的，一・一米；但外包總長却不一樣，北山墻總長九・五二米，南側山墻總長一○・○七米。三個穹窿的中心位置也不在同一直綫上，南側向西有所偏移，西側的厚墻是與圍墻結合在一起的折曲綫，這説明了當初清真寺大殿設計者對基地的最大限度地利用，也説明伊斯蘭教建築講求實際的靈活性（圖五、圖六）。

後窑殿外觀極簡潔，在簡單的臺基上砌築厚厚的磚墻外加白粉刷白，在南墻上開設圓拱門，中門寬五・五二米，北門寬二・七六米，南門寬二・九米。南北山墻上各開二小圓拱窗，西側則在較高位置上開設小圓拱窗，每間兩孔。于七・八七米標高處砌短短的出檐，上覆青色筒瓦、版瓦蓋面，整個屋頂是四坡頂。三個穹窿頂皆突出于屋面之上，中央穹窿外觀爲八角形，用八角重檐攢尖頂，兩側爲六角形，用單檐六角攢尖頂，使屋面的連接與造型變得極爲複雜，避免了單調感。三個中國式的藍色琉璃攢尖頂的外殼，内部掩藏着三個并列的半球形穹窿，即『外中内西』的形式，頗可懷疑爲後世所加，特别是從現存上海松江、揚州普哈丁墓等傳爲元代遺構的情況來看，如同出一轍。保存在中央明間西壁上的聖龕，上面刻滿了經文和對真主的贊辭，當地人又稱經版，也稱天經一函，飾以纏枝花紋，朱漆貼金，是明景泰二年（公元一四五一）重修之物，是少見的木刻珍品。

穹頂彩繪，明次三間分兩種，次間者略爲簡單。前殿原是筒瓦木檁、重檐翹角的傳統建築形式。内懸『天方古教』、『認主獨一』、『普今獨後』等歷代匾額。一九五三年進行了拆除改建。

4　揚州仙鶴寺

據《揚州府志》寺觀卷記載：『禮拜寺在府東太平橋北。宋德祐間（公元一二七五至一二七六年）西域僧補好丁建』。德祐是南宋末恭帝趙顯年號，補好丁今譯作普哈丁。背臨汶河路東，面向小巷，在四大古寺中應該説是中國化程度最高的一座。建築形式全用中國建築的磚木結構，平面布局則是根據伊斯蘭清真寺的需要，呈規則地自由布局。所謂規則是指所有房屋都是東西向，個别有南北向者，但都保持着相互垂直的關係，有條不紊，

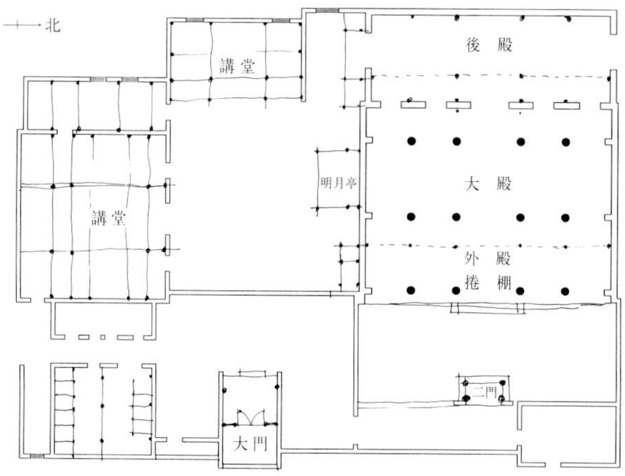

圖七　江蘇揚州仙鶴寺總平面圖

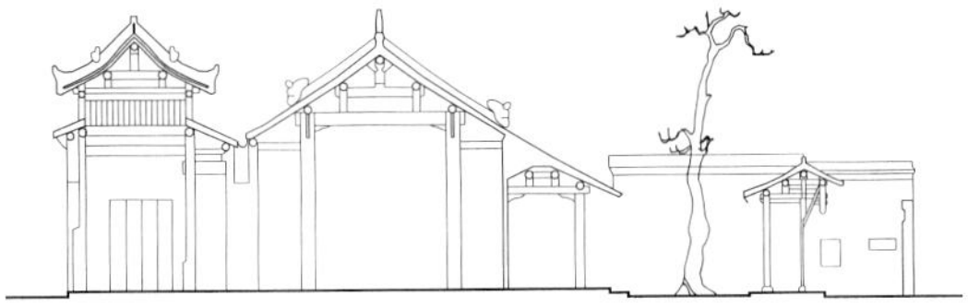

圖八　江蘇揚州仙鶴寺縱剖面圖

表現了非常强的秩序性；所謂自由是指没有中心軸綫，也没有縱深布局，更没有左右對稱，完全依據功能需要和順序安排建築。大殿是主體，面積達六一二平方米以上，占用地面積的一小半，位于基地的北半部，自成院落；由軒廊、前殿、後殿組成，面闊五間，明間特寬，後殿明間的西墻上設置向内的聖龕。爲顯示其特殊地位在屋頂上另起單檐歇山頂。殿前爲一狹長的前院，三面垣墻，于東墻中央部位設二門樓，門外爲甬道南轉出洞門，至中部門院，大門樓置于東側垣墻中部偏南，東向，前臨南門街。自成門院。其南側爲水房，院内用垣墻分成前後，後院爲主，南爲大講堂，西與大殿相通，依殿山墻設短廊，就中建明月亭，即一般清真寺内望月亭。正面坐西向東偏南建小講堂，院内大銀杏一株（圖七、圖八）。整個寺院顯得極幽雅清淨，超凡脱俗，與仙鶴寺之名相稱。蓋伊斯蘭教一向反對用動物爲飾，何以兩古寺皆以動物爲名？其他尚不得知，揚州清真寺或許借用城名吧！自古以來就把揚州和仙鶴聯係起來，如古詩：『腰纏十萬貫，騎鶴下揚州』，把揚州視爲無限繁華、仙人所居之地，故稱鶴城。清代李斗在《揚州畫舫録》卷六第二十五條中，就用這種借喻來解釋揚州城的特徵。『揚州城郭，形似仙鶴』，至于何時借喻到清真寺的？尚待查考。仙鶴寺雖云南宋德祐，但真正的宋代遺物，惟中庭銀杏尚可爲證，大殿前庭古柏二株亦頗可觀，實際上已進入到元世祖忽必烈的至元年間，在建築上惟存明清遺物而已。

（二）北京地區

明清北京城的前身是元大都，其南城西門曰順承門，城外聚居着許多歸附到内地來的回民，可能他們起始于遼。自五代後晋石敬瑭公元九三六年割燕雲十六州于遼以後，有宋一代北京地區大部分時間爲遼、金陪都，他們均與西域諸國關係密切，文獻記載該寺始創于遼統和十四年（公元九九六年），這種可能性是存在的。目前實際證物即現存寺内東跨院的二篩海墓，東側係篩海阿里之墓，亡故于至聖遷都六八二年（公元一二八三年，元世祖至元二〇年）；西側係篩海阿哈默德布爾塔尼之墓，亡故于至聖遷都六七九年（公元一二八〇年，元世祖至元十七年），上距遼亡（公元一一二五年）已一百五十餘年，也衹能追溯到元代初期。所存建築物衹能推算到明代中期（圖九）。

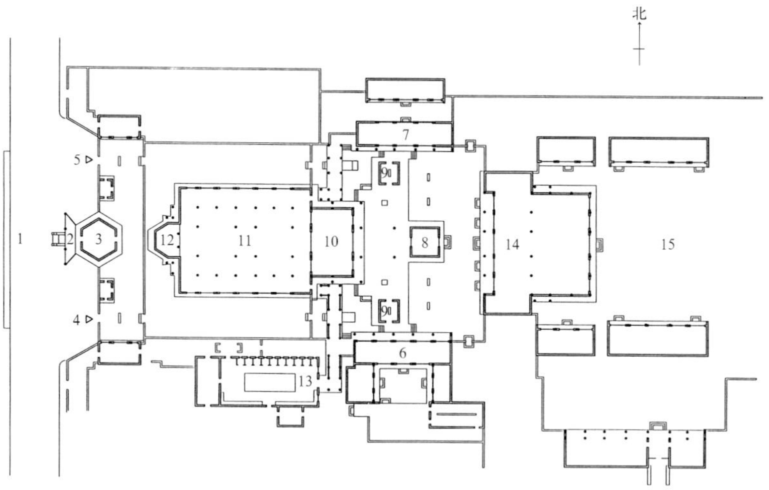

圖九　北京牛街禮拜寺總平面圖

1 影壁
2 牌坊
3 望月樓
4 南入口
5 北入口
6 南講堂
7 北講堂
8 邦克樓
9 碑亭
10 殿前捲棚
11 大殿
12 後窑殿
13 水房
14 教室
15 庭 院

據『北京牛街岡上禮拜寺志』載：『正統七年（公元一四四二年），增修對廳，爲講經集會之需。明成化十年（公元一四七四年）指揮詹升（詹思丁之後人），請賜名號，奉敕賜名禮拜寺。清朝康熙年間（公元一六六二至一七二二年）重修一次。寺門望月樓周環作六角形，下方甃磚闢二門洞，可供人出入，上方周闢門窗，繚以走廊，頂覆以黃色琉璃瓦。楣間懸敕賜禮拜寺額。此樓備登高望月之需，故稱望月樓……。

大殿爲教衆禮拜之所，寺中主要之建築。殿宇五楹，凡三進。深可十餘丈，廣稍小。殿後向西凸出處，爲朝向殿，率拜人位也。該處高起穹窿，結頂若亭。據工程師鑒定云：確係宋代建築物，名曰藻井。此建築法，今已不存，認爲古物也。

正壁木刻經文阿拉伯文，其畫方爲庫法體，此係阿拉伯古體文字的一種。殿後兩窗，均係雕空，阿文組成。……門楣處均用阿文組成之。殿右隅設宣教臺，或云閔拜，爲聚禮日教長宣諭之處。回教禮拜以清潔爲重要條件之一，故全殿地板上敷以席氈，禮拜者必須脱却靴履于户外，始可登殿。

大殿前有碑亭二座，……南北講堂各五楹。……吾國各省各地禮拜寺均附設經學，傳習經典阿拉伯文，由阿訇主講。……大殿南筒子院外偏南，有沐浴室，……高大宏敞，爲近年所重修，其設備較前益廣也。

……宣禮樓俗呼邦克樓，按西域志曰哀扎尼樓，在大殿對過。建築與望月樓略同，此樓係方形，而用側弄。

……對廳之建築，前七楹，後五楹，左右有二室爲庫房，乃儲存雜物之所。後五楹于清季光緒末年，有王浩然阿訇及知董事，創辦清真小學，改充教室。現爲市立牛街小學借用。經辦學校添加建築南北客廳及辦公室十餘間。對廳中南北兩壁寫阿拉伯文字組成圓輪形，極文字圖案之美。

……篩海墳在寺東南角跨院，所瘞二人，一爲篩海阿罕默德布爾塔尼之孫穆罕默德，二爲篩海爾馬頓的尼之子阿里。墓之基部磚刻花紋，字迹已剥落不能辨識，其阿文墓碑，尚完完整整，字迹可辨。』

大殿左右有『大明弘治九年（公元一四九六年）歲次丙辰禮拜寺增修碑記』和『萬曆歲次癸丑（公元一六一三年）仲春重修碑記』，前者風化過甚，無法辨讀，後碑相關内容如下：

『……惟宣德二祀（公元一四二七年），瓜瓞奠址，正統七載（公元一四四二年），殿宇恢張。惟成化十年春，都指揮詹升提請名號，奉聖旨曰禮拜寺。迨弘治九年（公元一四九六年），經制愈宏，……年所多歷，後樓告傾。斯樓非凡常樓也，協教贊禮，按候井中，……倡衆重修。……』

此碑是關于此寺建築歷史最重要的碑記，從奠址、恢張、請號、重修，長達一八六年間的歷史都交待清楚了。惟有創建何時，隻字未提，説明當時已不清楚，或是莫衷一是，但却在起始處用了『瓜瓞奠址』一詞，是否兼有『像瓜藤那樣延續繁榮的本禮拜寺奠定基址』，并没明確地説是『開創』或創始、創建，無形中説明了尚不清楚的前續歷史。今已有遼、宋之説，這是一種進步，衹是不知所據爲何。碑記中所謂『後樓告傾』，當然這是就全體禮拜寺説的前後方向，大門和米哈拉布皆爲前方，大殿前面就成了後方，而且還從後樓『協教贊禮、按候井中』的功能作用中進行了説明，當爲擔負着召喚作用的邦克樓而無疑。

此寺最大特徵是采用了中國傳統的布局形式，中心軸綫、縱深布局、左右對稱，但由于宗教禮拜方向要求和具體地位在南北走向街道的東側，就形成了『獅子大回頭』的格式，或稱『珍珠倒捲簾』。人從西側進來，經小橋、牌樓，穿過望月樓下，迎面照壁擋住了去路，衹好兵分兩路，經過大殿兩側甬道達于前廊，倒轉過來進入大殿。位于中心軸綫東端的對廳，今稱教室，實際上是本寺的結束，至于其東側的四座厢房則是近代回民小學時期所建，與禮拜寺幾無關聯。

本寺第二大特徵是用色，特别是殿内用色完全突破了伊斯蘭教的傳統。一般通用的顔色是藍、綠爲主，黑、白修飾，重點點金，都是陰冷色調。而此寺全部用硃紅，尤以大殿内的内柱及柱間檻門，火焰拱券漆紅，刻經文貼金箔，縱横交錯，層層叠叠，造成無限豐富和華麗之感。這大概和它處于皇都地位有關，不僅在歷史上是北方首寺，在宏麗的規制上也是首屈一指的。

關于運河綫（包括天津、滄州、臨清、聊城、濟寧等地區）和河洛汴梁（開封、鄭州、洛陽）的伊斯蘭建築的特色，因其與北京地區相近，在此不再贅述。可參看圖版以觀其詳。

（三）西安地區

1 西安華覺巷清真寺

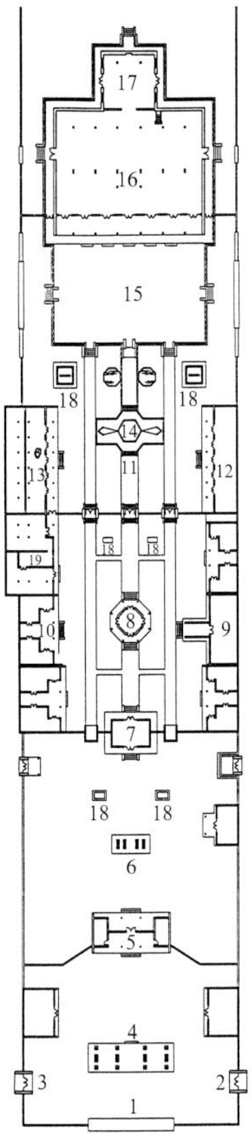

圖一〇　陝西西安華覺巷清真寺總平面圖

1 照壁
2 北門
3 南門
4 木牌樓
5 正門樓
6 石牌坊
7 二門樓
8 省心樓
9 講堂
10 辦公
11 甬道
12 講堂
13 講堂
14 真亭
15 月臺
16 大殿
17 窑殿
18 碑亭
19 水房

西安既是西北之門户，亦是西北之心臟，而西北地區又是中國伊斯蘭教最流行的地區。在明代爲僅次于南北二京的城市。現存華覺巷清真寺内雙敕碑可作證明，敕曰：『洪武二十五年（公元一三九二年）三月十四日，咸陽王賽典赤七代孫賽哈智赴内府宣諭，當日于奉天門奉聖旨，每户賞鈔五十錠，棉布二百匹，與回回每分作兩處蓋造禮拜寺兩座，南京應天府三山街銅作坊一座，陝西承宣布政使西安府長安縣子午巷一座。』其中陝西承宣布政使西安府長安縣子午巷一座，即今西安城西北隅華覺巷的清真寺。同是洪武年間敕建，西安華覺巷清真寺（圖一〇）的命運要比南京淨覺寺好多了。應該説前者至今還是初建時的面貌。基地寬五〇餘米，長二五四米，是非常規則的近五比一的細長方形。沿明確東西向的中心軸綫分成大小不等的五個院落。第一院，是門前院，扁長形，供人流車馬回旋的小廣場，由四面圍墻圍成，東圍墻正中設大照壁，爲中心軸綫的起點。南北圍墻偏東端設由巷道出入的南北轅門，北墻設帶八字墻的正門樓，面闊五間，進深兩間，單檐歇山式屋頂。南北兩側并分置門衛室各三間，門院中央是一座三間四柱三樓柱不出頭的木構牌樓，額題：『敕建禮拜寺』。主樓、側樓皆歇山式。在這裏主要向外界顯示本寺與衆不同的宏偉身份。入大門後，爲第二進院落，東西略微修長，四面也是繞以圍墻。西側設過廳式二門樓，兩側置磚構夾門小樓，南北圍墻近西端設磚構側門樓。院中央是一座明式石構牌坊，三間四柱，亦帶石刻屋頂，額題：『天監在兹』。此院甚是空曠，南北兩側幾乎全無建築。當初很可能是栽植松柏的綠化院落，以增加莊嚴肅穆的宗教氣氛。第三進院落，是嚴整的正方形院落，中心位置上建八角二層重檐木構，名曰『省心樓』，可能兼有召喚、望月的作用。南北厢房分别爲講堂、水房、辦公、會客和阿訇的居室，北講堂是一座造型奇巧的建築物，明間向前突出，向上起樓，正對院内三條東西向的川字形甬道，西側爲磚構三座小門樓。第四進院落，應是主要院落，深達六十五米，南北厢房分别爲講堂、水房之外，在中央位置建造了一座非常别致的牌樓式建築物。中央單檐六角，兩側連以三柱三角的單檐小牌樓。如此奇特之結構爲他處所不見。此院的西半部爲大殿的前廊及月臺。三面設漢白玉石雕欄，正面三陛，兩側各一，并置單間兩柱柱出頭漢白玉石坊。大殿面闊九間，達三十五米，進深連窑殿在内達四十米，可容千人（圖一一、圖一二）。在前門隔扇分位綫大殿兩側增設分隔墻，自此入内爲第五進院落。此院落内惟此大殿及窑殿而已，四面全爲隔墻及垣墻，墻之中央處另砌照壁以示不同。此清真寺在内容上保持了伊斯蘭教的内容，而在建築布局上却盡中國建築中心軸綫、縱深布局、左右對稱之能事，在建築單體造型上也發揮得淋灕盡致。

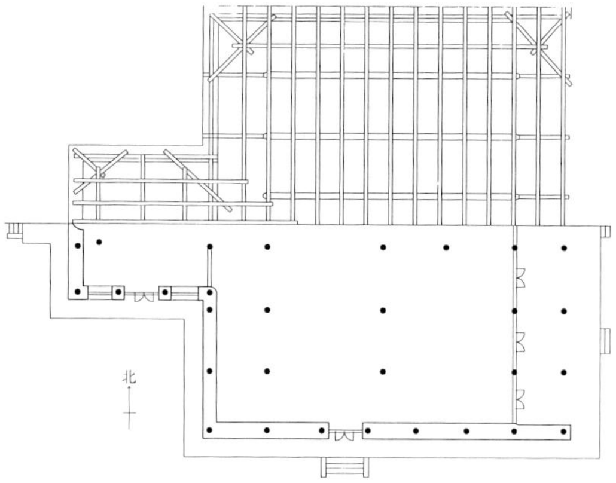

圖一一　陝西西安華覺巷清真寺大殿平面屋頂及梁架布置圖

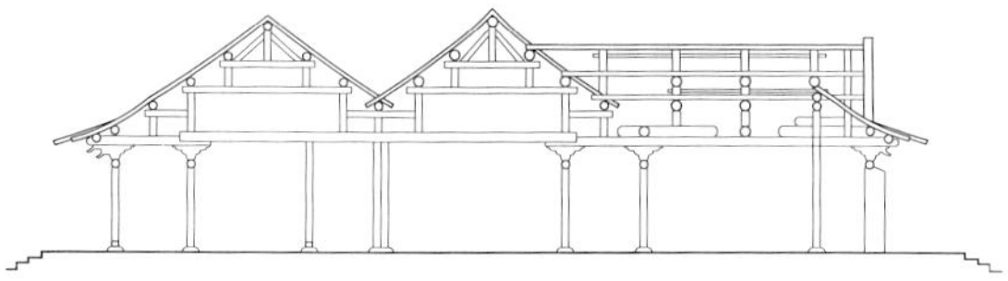

圖一二　陝西西安華覺巷清真寺大殿縱剖面圖

2 安康縣靜寧南寺

其邦克樓是中國伊斯蘭教清真寺院中的珍寶。樓始建于明代，無磚石臺基和柱礎，直接以十根一尺過心的木柱支撑，外六内四。高二·七米，呈正方形。柱上横枕木板，板外四周以小木拼合，四個小木棍壘接而起，下小上大，呈蜂窩狀，并以此組成圖案。樓板沿四周伸出一·四米作樓沿，覆蓋筒瓦，檐頭花紋各异，四角四脊四爪，爪端伸出鷄頭，這樣形成第一層樓。一層樓樓角立四根高三·六米的木柱，直通樓頂，外檐結構和一樓同，樓頂另修一座中國宮殿式的屋頂、屋檐，和二樓出檐相接。屋面正中一脊二爪，四角四脊四爪。

靜寧南寺望月樓玲瓏剔透，造型巧奪天工，全樓高十一米，明萬曆十一年（公元一五八三年），漢江洪澇，寺毀樓存。後又罹火，大殿水房均爲灰燼，而樓無恙。

（四）南京地區

經過歷代交融，回民的社會作用已經同漢人融合在一起了，除了宗教信仰和生活習俗的不同，似乎已不再以胡僧、胡商、番客呼之。在明代開國的過程中，有許多回民將領受到了朱元璋的重用，胡大海、常遇春就是明顯例證。他們的宗教信仰也受到了朱元璋的重視和優遇。據明弘治五年（公元一四九二年）敕建淨覺寺碑記謂：『洪武二十一年（公元一三八六年），有亦卜剌金、可馬魯丁等，原係西域魯密國人，爲征金山開元地面，遂從金山境内隨宋國公歸附中華。……因而敕建二寺安扎。』從西安華覺巷現存雙敕碑可知此事非虚，洪武二十七年（公元一三九二年），朱元璋還特別下了詔書，詔令在南京和西安建造禮拜寺。其中南京應天府銅作坊一座即今存之淨覺寺。可惜歷經戰爭、水火之破壞，當初之面貌已難以想見。宣德五年（公元一四三〇年）鄭和奉敕重建者，經過多次改建、重建，至太平天國時被看中了該寺大殿的高級楠木，也徹底拆除移作他用了。今之所見乃是清末劫後所重建者，與當初相較則不可同日而語。惟磚構門樓三間四柱五樓，磚刻精美，仍是明代舊物。其他則爲清末光緒三年和五年（公元一八七九年）重修之物。全部都是典型的中國式四合院木構建築。南京現有穆斯林七萬人，清真寺二十四座，現修復對外開放三座。郊區有五縣，江浦、六合、江寧、溧水、高淳，開放四座，其中以六合竹鎮清真寺值得一看。

南京淨覺寺，位于升州路三山街北側二十八號。入内軸綫西轉，東端設四角碑亭，新撰碑記。西轉第一進建築爲望月樓，内爲對廳，廳西隔門一道，爲四合院，設南北廳，今爲陳列廳，西側正座爲大殿，後突出部分爲聖龕，即禮拜之方向。大殿外側南北另設小廳，以爲附屬用房。原地四十六畝，今僅剩六畝。

（五）寧夏回族自治區

1 銀川清真大寺

寧夏爲回族自治區，是中國惟一一處回族自治區，是回民最爲集中的地方，人口五一二萬，其中回族一七二萬，一九五八年十月二十五日成立寧夏回族自治區，首府銀川。此地區在黄河上游，屬青藏高原與黄土高原接壤的地方，乾旱少雨，民居多夯土平頂的單層房屋。夾雜于其間的清真寺屋頂連檐櫛比，高高聳起，再加上邦克樓的襯托，構成西北地區特有的風景綫。在歷史上此地也多清真寺，僅隆德一縣即有八十餘座。但因歷史原因和地震破壞，損失不少。

銀川清真大寺是新建之鋼筋混凝土結構，爲當今流行之中國伊斯蘭式樣。主殿是集中式平面，二層，底層爲活動室，上層爲大殿。正面設大梯級，直接上下。面闊七間，四周設尖拱券窗，兩盡端設實墻標志。頂爲平頂，另設大穹窿頂一座，四角各設小穹窿四座。殿前另置新型光塔兩座，除却頂上桃形穹窿外，宗教氣息不足，如航空港指揮塔，但綠頂白墻，充滿新鮮感。

2 同心縣清真大寺

該寺規模較大、歷史較久。寺位于舊城北。大門北向，門外正對磚構照壁，仿木構形式，壁中心置大磚雕，雕刻精美。門爲磚臺，闢門洞三闕。臺上建樓，樓高兩層，氣勢雄偉，蔚爲壯觀。在門洞内即開始登階，一直向南拾級而上，殿建在高臺之上。北轉經南廂過廳達大殿前院，院較寬闊，東側爲圍墻，西側爲大殿。殿分三部分，即前廊、本殿、後窑殿，全用木結構，由另兩座歇山和一座捲棚勾連搭接而成。此大殿屬進深較大型的，幾

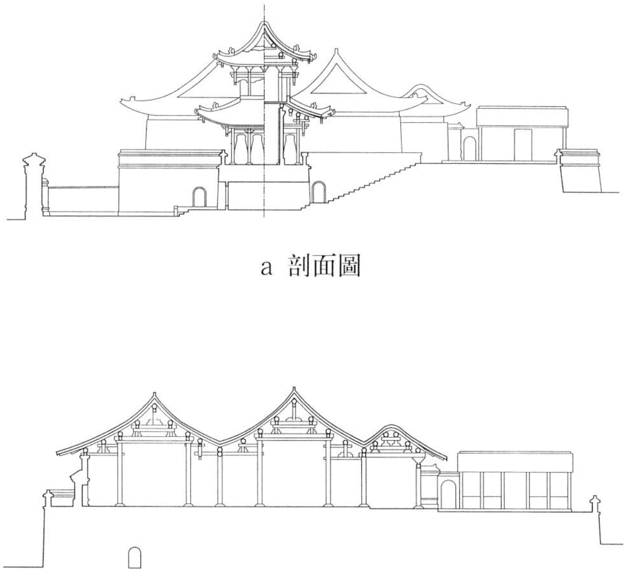

a 剖面圖

b 縱剖面圖

圖一三　寧夏同心縣清真大寺

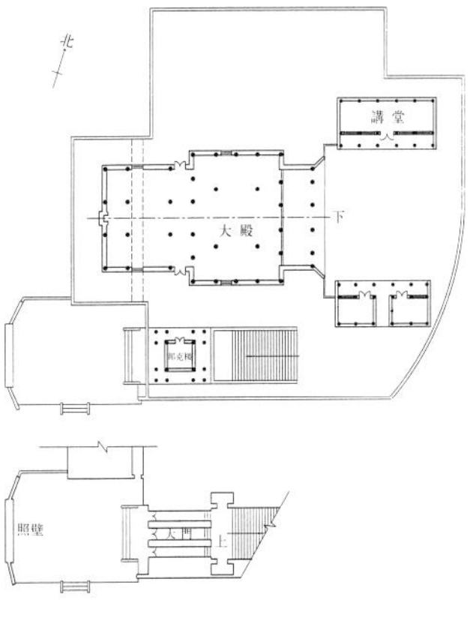

圖一四　寧夏同心縣清真大寺總平面圖

近二比一，且中殿寬出（圖一三、圖一四），結構奇特。

3　永寧納家户清真寺

納家户是永寧縣的回族聚居區。相傳早在元代就有回民在這裏定居。此寺建于明嘉靖三年（公元一五二四年），占地八千平方米，爲漢式傳統四合院式的布局，現存大殿仍是舊物，新建有邦克樓、望月樓等，建于洞門高台之上，至爲宏偉壯觀，爲他處所不見。大殿極爲別致，面闊五間，另加周圍廊，進深方向規模宏大，由三捲四殿構成主體，另加一圈周圍廊，因此屋頂極盡高低起伏韵律之美妙。檐下彩畫豐富多姿，富有生機。

（六）甘肅地區

甘肅臨夏回族自治州古稱河州，位于甘肅省的西南部，是通往中亞的必經之地。在此聚集了許多穆斯林商客，『日久他鄉成故鄉』，許多商客就留居下來了。相傳元末明初有四十多位從中亞來河州傳教的穆斯林學者，最後他們都長眠在河州地區，至今墓冢尚存，後裔興旺。二百年前被迫自江南、中原遷徙來此的穆斯林，通過辛勤勞動將古河州建設成了中國伊斯蘭的中心地之一。本地區人口近二百萬，是多民族地區，但百分之五十以上的居民信奉伊斯蘭教，包括回族、東鄉族、保安族、撒拉族等。它在中國伊斯蘭教中具有特別意義之處是因爲中國伊斯蘭教的三大派別（格底目教派、伊赫瓦尼教派和西道堂漢學派）、四大門宦制度（哲赫林耶、胡非耶、庫不林耶、卡迪林耶）都由此繁衍、傳播和發展到全國各地。這些教派的原始均發源于阿拉伯和中亞洲地區，其中格底目教派在唐宋時期傳至河州，已有一千餘年的歷史。伊赫瓦尼教派源于阿拉伯瓦哈比派，由河州的馬果園哈吉從麥加傳至河州，再波及全國。西道堂（即漢學派）一九〇二年創建于甘肅臨潭，遵從金陵伊斯蘭教學者劉介廉阿訇。伊斯蘭教的門宦制度是由清康熙年間傳入的蘇非主義同儒家思想相結合而形成。其後便產生了道堂、拱北及教坊制，即清真寺制。四大門宦的支派有四十餘個，大都創建于河州，發展到西北各地。我國伊斯蘭教的經堂教育中心，逐漸轉移到河州。本世

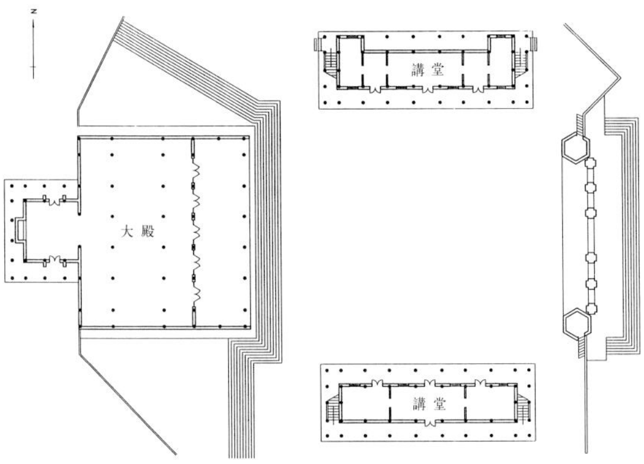

圖一五　青海西寧東大寺總平面圖

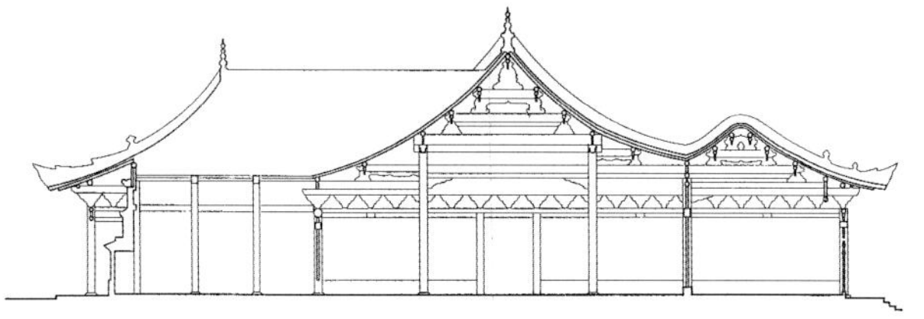

圖一六　青海西寧東大寺禮拜殿縱剖面圖

紀中期有清真寺一千九百餘座，拱北一一九處，道堂二處，教職人員五千餘人。在歷史上就有徒步去麥加朝覲的傳統。這些哈吉回來後就創建自己的學説和教派。哲赫林耶門宦創始人馬明心，胡非耶門宦馬來遲，伊赫瓦尼教派馬果園等都是朝覲歸來後獨樹一幟的。

在河州穆斯林居住的地方習慣上稱『坊』。坊內都建有清真寺。河州南關地區是穆斯林的主要聚居地。這裏商業繁榮，清真寺衆多，具有濃厚的民族、宗教特徵。『河州八坊』就是因南關八個坊頭——清真寺而得名的，也俗稱『南關八坊』。最古的坊頭是建于元末的南關大寺。至明清兩代相繼興建的有西關寺（又名城角寺）、王寺、華寺、二社寺、祁寺、鐵家寺、水泉寺、北寺、大西關寺、西寺、上下二社寺等。當時稱『八坊十二寺』，後又稱『十六寺』，其後又稱『八坊二十七寺』。現有清真寺二千餘座。根據中國建築史學家劉致平教授的觀察，臨夏清真寺邦克樓的突出建造是一大特徵，其中大何家清真寺的邦克樓高達六層，極爲少見。臨夏大華清真寺，坐南朝北，自北側一進大門就是廣場，寬大平坦而整齊，正南面靠墻建大照壁，東側建有三個小跨院，安置水房、住房等次要建築。西側建垣墻，界分內外，于墻中央處建三開間的二門樓，垂花門式，樣式別致爲他處所不見。進二門爲寬闊的庭院，南北講堂分列，正面爲大殿。

（七）回民另一重要聚居區——青海

西寧，青海之省會，也是伊斯蘭清真寺集中之地。市區內有寺六、七處，最具規模者是東門外清真大寺。該寺位于東關大街路南，通過清真寺巷頭大門，至二大門，爲新式屏風式五券大門樓，兩側建三層六角亭式邦克樓。入內爲寬闊的庭院，南北設兩層講堂，各七間，四周并帶迴廊，置室外樓梯以通二層。正面是高大的臺基，大殿建其上，面闊七間，二六．三二米，捲棚深二間，大殿深三大間，另加窑殿，面積合計達七六九平方米，爲目前所知最大者。通體是漢式木結構。雖云創于清乾隆年間，但大部分是清末民初改建之物，半洋半中式，反映了求新的傾向（圖一五、圖一六）。

（八）回族聚居的特例——雲南地區伊斯蘭

雲南之有伊斯蘭起自賽典赤。元史一二五卷有傳。『賽典赤』本是貴族之意，名瞻思丁，一名烏馬兒，回回人，別庵伯爾之裔。元太祖成吉思汗西征時瞻思丁率千騎迎降，命入宿衛，從征伐，以賽典赤呼之而不名。歷經要職，至元十一年（公元一二七四年）世祖忽必烈謂賽典赤曰：『雲南朕嘗親臨，比因委任失宜，使遠人不安，欲選謹厚者撫治之，無如卿者。』賽典赤拜受之。但在傳中儘管記錄了賽典赤在雲南的一切改革、開發措施，所行的皆是儒家仁政思想，并未提到推行伊斯蘭教事。但他自己是回回，他周圍的許多人是回回，今天正義路上的清真寺傳爲賽典赤所修建是有一定根據的。

1 昆明正義路清真寺

《雲南通志》謂正義路清真寺：『在城南門，唐貞觀六年（公元六三二年）建，元賽典赤瞻思丁改修。光緒二年（公元一八七六年）湖南提督建水馬如龍重建。一在魚市街，俱元平章賽典赤瞻思丁建。』唐貞觀六年（公元六三二年），正是穆罕默德逝世之年，伊斯蘭勢力尚未超越阿拉伯半島範圍，當時創建的是佛寺亦未可知，賽典赤改修成清真寺則完全可信。咸豐、同治年間皆毁于兵火，故有建水馬如龍的重建，雲南建水亦有伊斯蘭，馬如龍也是穆斯林。據此可知現存建築物多是近代之物。

清真寺位于正義路西側，主體建築是漢式的，中心軸綫，縱深布局，左右對稱。牌樓式大門，坐西向東。正對大門建一正方形花廳，單檐捲棚歇山頂，門窗華美，裝修精麗。庭院雖小，稍有綠化，頗有花木之趣。大殿面闊五間二三·一米，進深三間一八·一米，面積四一八·一平方米，前帶捲棚，後置米哈拉布和明貝爾。大殿前左右分列南北講堂，大殿後側建水房和雜務院，符合適用。而于大殿北側另闢天井和四合院作爲阿訇住宅，具有獨立對外的出入口。本寺規模不大，設施齊全，布局緊凑而合理。除了幾座主體建築追求軸綫布局外，其餘建築皆依據功能和地形，進行布局。如果不是縱橫軸綫還保持着嚴格的垂直平行外，簡直可以説是自由布局了。

2 大理老南門清真寺

大理也是雲南回民集中聚居的地方。十九世紀後半葉在太平天國的影響下，大理發生了以回民杜文秀爲首的反清起義，建立了大理政權，後被鎮壓，許多清真寺也毁于戰火。今所剩最壯麗的一所是老南門寺，建于明代，曾一度被改爲城隍廟。廟臨南北大街，坐西朝東，也是漢化式清真寺。大門前砌大照壁，并在兩側砌轅門，形成寺前小廣場，藉以容車馬迴旋。大門爲三間式門樓，設于寬大的甬道上，其中心軸綫貫穿東西。主要建築都布置在這條中心軸綫上，在大殿和大門之間先設三間四柱石牌坊，其後尚存邦克樓遺址。邦克樓兩側砌垣墻，另設左右便門，入内爲空曠的院落并南北講堂，面闊用四間，這也是很奇特的。大殿面闊五間三十米，進深六間十八米，面積達五四〇平方米。大殿也是比較大的。正面檐口特別低矮，而斗栱又特別高大，出檐亦較深遠，單檐歇山式。屋面坡度平緩，無舉折，有起翹，而且起翹高大，爲他處少見。入内爲徹上露明造，結構清爽明朗，益顯高大雄偉和壯麗。用筒板瓦，琉璃脊，及琉璃磚砌山花。關于此寺徐霞客滇游日記有記載。

3 巍山天蒼村回回墩清真寺

巍山也是回民集中的地區，約十餘個村莊，每村皆有寺，每寺皆有邦克樓，樓殿巍峨，風景秀美。其中以天蒼村回回墩清真寺較爲著稱。

（九）四川成都地區

成都清真寺共有二十八座，最早建于明代，多數建于清代。較早的清真寺是鼓樓清真寺，它始建于明代初年，毁于明末，清初重建。成都城郊有清真寺十六座。城中最大的清真寺是皇城清真寺，因建築在明蜀王宫城外而得名。原皇城壩貢院街義學寺，是甘肅張家川穆斯林哲赫林耶派所建。成都穆斯林使用簡化稱呼，把城中其餘寺分別稱爲七、八、九、十寺及東、西、南、北寺。城外爲回民喪葬服務而建的有西關、北關和鳳凰山寺。成都清真寺絶大多數施行教坊制。即一個地區或街坊，若有幾十户穆斯林，當具有一定的經濟能力供養阿訇和寺内開支的情況下，便建立起一座清真寺，建成後便可稱爲一坊，成爲本坊穆斯林的宗教、婚喪、生活的場所。本坊穆斯林就稱爲該寺的『高目』。城區清真寺大部分建在明藩王護城（俗稱皇城）爲中心的地帶。明清時期該地是商賈雲集之地，這裏有鹽市、羊市、騾馬市等。穆斯林們善于經商和從事小手工業、飲食業，所以大多集中于此地從事商業活動。同時也吸引了不少外地的穆斯林，尤其是西北穆斯林來此經商和定居。因此在原皇城壩地區即建有七、八、九、十寺、皇城東寺、西寺、義學寺等七、八座清真寺。城區清真寺建築精美的有鼓樓寺。建築雄偉，雕刻精美，爲四川省級重點文物保護單位。皇城寺大門和照壁建築古樸，經書樓和大殿典雅寬敞，它是全四川最大的、『高目』最多的清真寺。成都回民中曾流傳一順口溜説：『壜壜罐罐鼓樓寺，熱熱鬧鬧皇城寺』，用來説明鼓樓寺的精美和皇城寺的繁榮。現在已恢復開放進行宗教活動的清真寺有十所。其中城中一所，即皇城寺。近郊三所，區縣六所，其他毀于火灾和倒塌的三所，改爲學校的三所，及改爲倉庫、工廠、民宅等。『文革』中所有清真寺都遭到不同程度的破壞，一九七八年中共十一屆三中全會以後，落實了民族政策和宗教政策，清真寺纔得以逐步恢復。

1 皇城清真寺

該寺是四川最大的清真寺，位于市中心永靖街九三號，因鄰近原蜀王宮護城（俗稱皇城）而得名，始建于清康熙五年（公元一六四八年）。最早占地十餘畝，現僅有七畝七分（約五一一八·一二平方米，含原清真女子小學校）。該寺爲雲南人契茂先阿訇入川後個人捐資和籌集資金所建。建成後歷經維修和擴建。清咸豐八年（公元一八五八年）曾大事維修，現存經事石刻爲證。民國六年（一九一七年），滇軍羅佩金與黔軍戴戡率兵混戰成都，縱火焚燒，後重建，始延續至今，但規模遠不如昔。『文革』期間又遭嚴重破壞，所有古匾額、楹聯皆蕩然無存。皇城清真寺街對面有一長九米、寬四米的照壁，建于清中葉，磚砌，古樸蒼勁。大門三開間，中懸『皇城清真寺』横匾，左右斗門，進門有寬約數米的甬道。甬道兩側小院中有兩株逾兩百年以上的銀杏樹，高大挺拔，綠蔭盈庭。第二進院落入口爲三道圓拱門，磚砌，正中拱門上置有『開天古教』的石刻横匾，上書雍正七年（公元一七二九年），左右邊門上爲『理境』、『法域』的横匾。樓道内有藍底白字的『經書樓』匾額。經書樓兩層，有一狹窄的單跑木樓梯通上，係放置經書和置放書版處。該建築是帶腰檐的歇山式建築。經書樓兩側爲捲棚式步廊，直連禮拜大殿，中間爲一鑲嵌瓷磚的庭院。禮拜大殿是全寺的主體建築，懸山屋面，舉高較高，磚木混合結構，平面呈凸字形。面寬五間，進深亦五間。西側盡端是内凹的拱形壁龕，即聖龕，爲禮拜的對象。阿訇面壁而宣，聲音宏亮悠揚。在大殿中央處，局部屋頂有升起，形成大殿空間的主要特徵。大殿面積約三八〇平方米，可供六七百人禮拜。北面舊有邦克樓，現已改爲小學教學用房。大殿南爲男女淨身用的水房，内有分隔、通道和厠所。整個大殿保留了清真寺的許多特徵，如廣廳、多柱，不同于一般的寺廟建築。總的來説，皇城清真寺帶有相當濃厚的川西特徵，而較少具有阿拉伯地區清真寺特徵，可以説是完全中國化了的清真寺。兩進院落

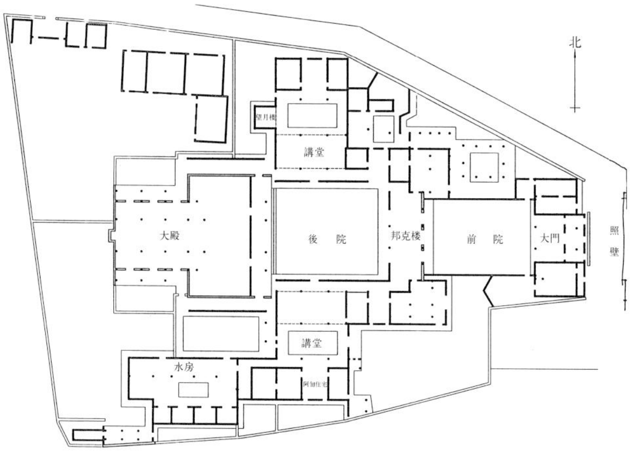

圖一七　四川成都皇城街清真寺總平面圖

及大門、藏經樓、大殿形成主要軸綫，兩側又由天井、屏風及附屬用房形成次要軸綫。整個建築不施斗栱，構件簡潔古樸，色彩淡雅，屋面爲小青瓦，呈灰黑色，柱及梁架呈暗紅色，幾近于黑色，很似本地的道教建築。當然也有一些圓形拱券作爲入口上的裝飾（圖一七）。

2　鼓樓清真寺

該寺是成都最古的清真寺。位于成都市中心，鼓樓南街一五五號，建于明洪武年間（公元一三六八至一三九八年），清初曾重建。此寺坐西朝東，原大門臨街，現大門爲民宅所占。原大門處存有木構牌樓和邦克樓各一座，均于一九四一年七月二十七日爲日本飛機炸毀。據文獻資料，大殿南面中後部爲禮拜用淨身室，現被占爲民房，情況不明。大殿平面呈長方形，窄邊向東爲主要進口。面闊三開間，寬約一一·七米，左右圍廊各寬約二米。進深爲七間，共約二五·七米。殿內所有梁、柱都是整木，殿外階沿是雙步廊。該建築以室內升起的藻井，在東西兩端形成兩重屋檐，爲歇山做法。再結合前後柱不同的高度，形成東西兩端外觀上的三重檐歇山頂造型，使該大殿造型優美而豐富。這點可參考照片中的藻井（一）的細部，以及屋面做法示意（二）。室內升起藻井以構成室外的屋面造型，從中不難看出川西人清晰樸實的對邏輯的遵循態度。在進入大殿的入口處的藻井就處理得很簡單，幾乎就是直接升起。而在大殿的內部，藻井造型爲八角形，上有明瓦以利采光，就比入口處豐富一些，以形成視覺上的焦點。該殿屋面是小青瓦，脊端安置吻獸等瓦飾。上檐爲五踩單翹單昂斗栱，同殿內其餘斗栱一樣做法，祇用出栱不用坐斗即插栱做法，使建築裝飾上的木材以自然、古樸取勝，這一點在川西建築上也有所見。殿內後部砌磚墻，其餘三面加木隔扇門，隔芯花紋很精美。正面隔門向裏開，左右隔門向外開，以便禮拜終了向外疏散。殿内第四排柱間，曾裝格門天官罩，將大殿分爲内外兩部分。地面爲架空木地板，頂部爲徹上露明造，中堂間屋面較兩側間爲高。梁、枋、藻井繪彩畫，梁枋箍頭處繪迴紋、捲草、如意頭等，枋心繪雲紋或幾何形花文，柱頭帶用萬字、迴紋等。這些彩畫如今已幾乎剥落大部。大殿後墻中央，砌高達二·四米，寬 〇·九四米，深〇·一五米的半圓龕門，稱爲『窑窩』。左面有木製宣講臺。龕右原有木質重檐六角亭一座，以放置經卷。該建築年久失修，油漆剥落，地板破損。『文革』期間寺内所有楹聯匾額全被燒毀。一九五八年曾借與新華書店以存放圖書，一九八四年雖列爲市級文物保護單位，一九九二年又列爲省級文物保護單位，但至今未行修繕。

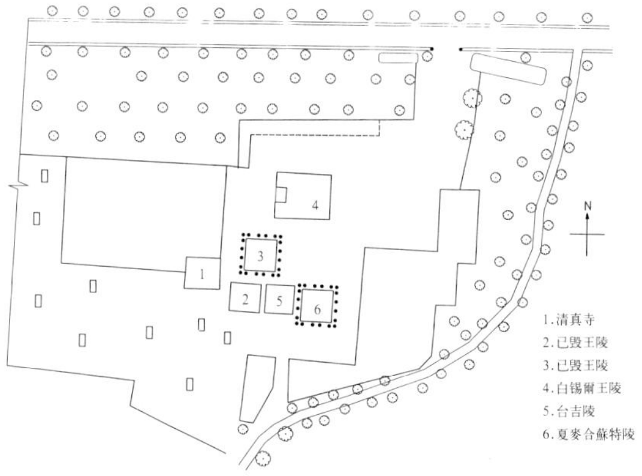

圖一八　哈密王陵總平面圖

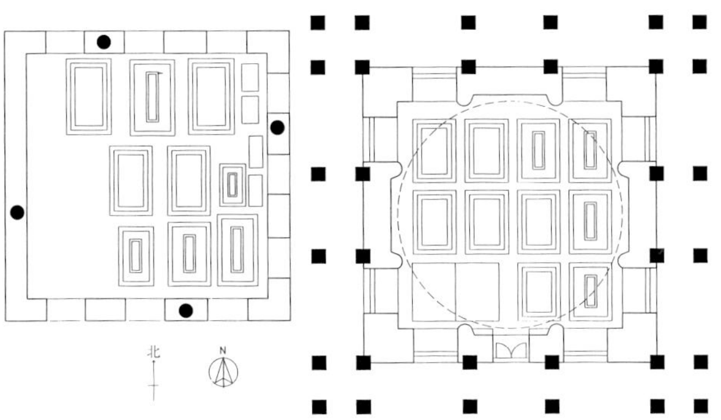

圖一九　夏麥合蘇特陵墓和臺吉陵墓平面圖

（一〇）新疆維吾爾自治區

新疆是我國西北邊疆地區。其開發可遠遡公元前的西漢王朝。公元九世紀末至十世紀初，伊斯蘭教傳至喀什噶爾（今喀什地區，當時爲喀喇汗朝）。經過曠日持久的聖戰，至十一世紀初伊斯蘭教傳入于闐王國（今和田地區），後又傳至庫車（古龜茲）、焉耆一帶，十四世紀傳入吐魯番地區。十四世紀末伊斯蘭教從吐魯番傳向哈密。十四世紀上半期，蒙古四大汗國之一的察哈臺汗國分裂爲東西兩部分。元至正六年（公元一三四六年）禿黑魯帖木兒在東察哈臺汗國阿力麻里（今霍城）稱汗後成爲第一個信奉伊斯蘭教的蒙古汗王。他强制蒙古人改宗伊斯蘭教。他死後其幼子黑地兒火者在别失八里（今古木薩爾）稱汗。十四世紀末，他用武力進攻吐魯番和哈密，强行推廣伊斯蘭教，至此，伊斯蘭教在新疆廣爲推廣。

根據新疆伊斯蘭建築的實際狀况，大體上分成兩大類。其一是以維吾爾族寺院爲代表的維式清真寺；其二是以回族爲代表的回族清真寺。這兩種建築形式都是普遍的存在。

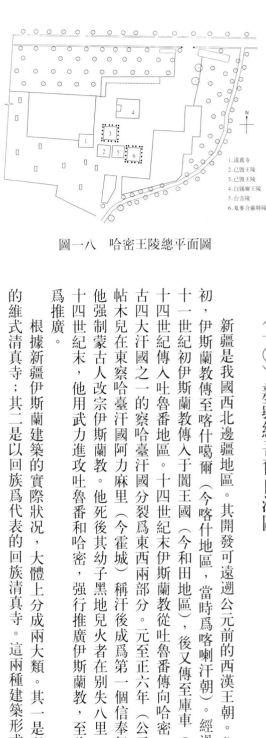

1　哈密地區

哈密在新疆的最東部，與甘肅相接，有西域襟喉、中華拱衛之稱，是一個多民族多宗教的地區。遠古時代曾有許多民族在此興起或衰落，祇能靠遺址遺物進行考古學上的説明。漢族是較早來此開發的民族。維吾爾族也是較早來此開發的民族之一。自唐天寶三年（公元七四四年）回紇興起，建立了鄂爾渾回紇汗國，開成五年（公元八四〇年）汗國滅亡，其一支逃來高昌，建立了高昌回紇汗國，其疆域包括今哈密地區。回鶻人與當地民族融合逐漸形成現代新疆主體民族——維吾爾族。十四世紀末伊斯蘭教開始從吐魯番傳到哈密。明成化二十三年（公元一四八七年），東察哈臺汗國馬合木（穆罕默德）在塔什干繼位，其弟阿黑麻（阿赫麥德）爲吐魯番總督，十年後自稱吐魯番汗王（公元一四九七年）。此前明弘治三年（公元一四九〇年）哈密回城建成第一座清真寺——主麻寺。此後東察哈臺汗國吐魯番速檀曾四次侵占哈密。明正德八年（公元一五一三年），哈密最後一位元裔蒙古王拜牙即，投附了吐魯番速檀滿速兒，此時開始强制推行伊斯蘭教。清康熙十七年（公元一六七八年），準噶爾滅葉爾羌汗國。吐魯番和哈密屬準噶爾汗國。準噶爾委木罕買提夏伯克的兒子額貝都拉爲在哈密的代理人『達爾汗』。至清康熙三十五年（公元一六九六年），額貝都拉脱離準噶爾，歸附清朝，未逃亡的蒙古人也都歸依伊斯蘭教，伊

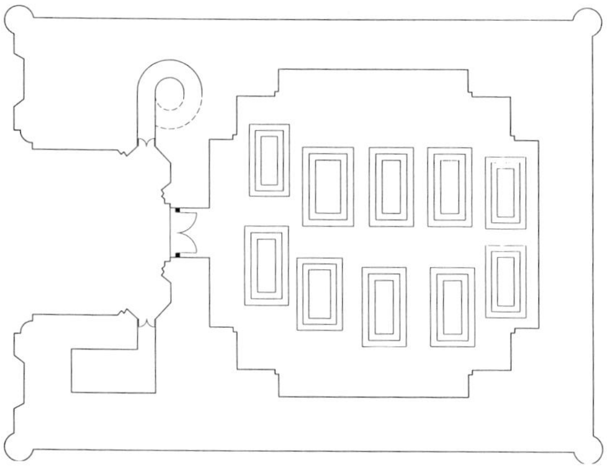

圖二○　白錫爾王陵主墓室平面圖

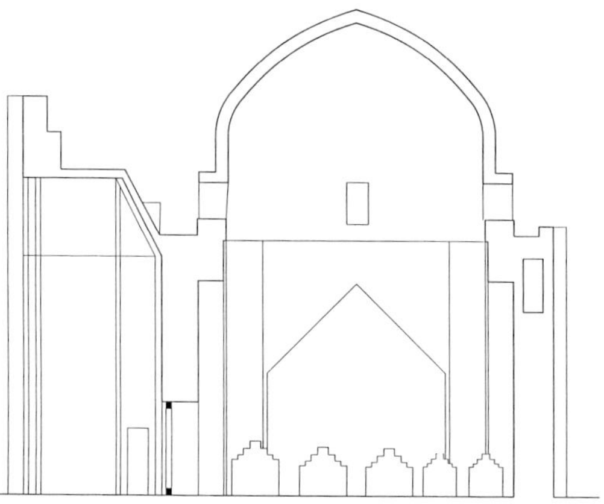

圖二一　白錫爾王陵墓剖面圖

斯蘭教遂在哈密地區維吾爾民族中取得全民信仰的地位。第二年（公元一六九七年），額貝都拉受封哈密回王，從此傳十世回王，至一九三○年沙木胡索特親王病逝後，一九三二年間的哈密王統治史宣布結束。

伊斯蘭建築中的主體——清真寺建築，共分三類。一是艾提尕爾清真寺；二是主麻清真寺；三是一般清真寺。一九九○年統計哈密地區共有清真寺二九三座，一類十五座，二類五十二座，三類二二六座。

哈密兩大寺：一、老寺，考納買得里斯，位于哈密老城，建于額爾德錫爾王時。二、新寺，英尼買得里斯，位于哈密新城，建于末代郡王沙木胡索特王時期。

哈密王陵見圖一八至圖二一。三、另有托乎魯克陵，位于哈密王宮前霍架禾街。是賽義提·艾哈邁特·白里赫阿塔的陵墓。初建于回曆一一一三年（公元一七○一年），重修于公元一九二六年，為漢、維結合形式。見圖一九。

2 吐魯番地區

清康熙四十五年（公元一七○六年）第二代回王額貝都拉建造了回王城。在竣工碑上刻有：『奉安拉之名，傳播德政的杰木西德伊布尼達拉臺木斤阿布乃西爾買買提夏和加伯克之子艾拜都拉伯克，願崇高的安拉在西州降福！

特從皇室請來漢族工人爲穆斯林的利益和市容的美觀，建這座巨大的建築物。一一一八年建成（回曆，即公元一七○六年）』

據『哈密王家譜』記載，木罕買提夏和加是從伊犁來的，是禿黑魯帖木兒的第七世孫。

蘇公塔禮拜寺：位于城東二公里處。建于清乾隆四十三年（公元一七七八年），是清代吐魯番郡王蘇來滿爲其父額敏和卓所建的清真寺。故又稱額敏塔清真寺。寺塔連成一體建在寬四八·四六米、深七二·六米的寬大平臺上。方向很端整，基布拉在正西，寺門朝正東，塔在東南角上。整個禮拜寺就是由一座圓塔和一座方殿組成。自平臺東側中心軸綫處拾級而上，是寬闊的大平臺，寬四八·四六米，深一八·二米，面積達八八○餘平方米（圖二二）。

大殿除東側具有高大的門殿，開有高大的拱門外，其他三面既無門亦無窗，完全是封閉的，如宏偉的土城，在藍天白雲的襯托下，金光燦爛，既莊嚴又神秘。方形大殿實際上是長方形，寬四八·四六米，深達五四·四米，沿中心軸綫可分成前中後三大部分。前部是以門殿、門廳爲中心的前序部分，包括門廊、小室、側院、登上門殿頂層的梯級。中央

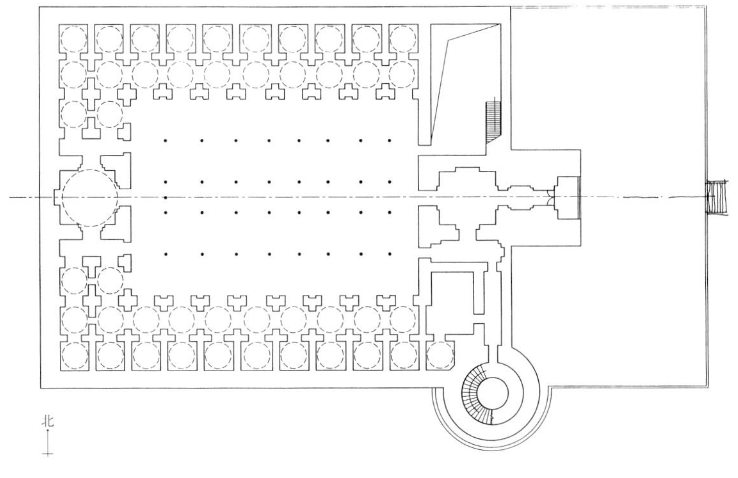

圖二二　吐魯番蘇公塔和清真寺總平面圖

部分是開敞的主體，核心是開敞的大廳，面闊五間，進深九間，面積六八〇餘平方米，用木柱、木梁、加密肋，再鋪蓋木椽、枝條、草泥，不起脊、不蓋瓦，完全是當地的平屋頂傳統做法。局部設高窗和空井，以供采光和通風。四側均用厚厚的土穹窿結構圍合，兩側的土穹窿結構沿大廳的進深方向分成八間，與木結構的分劃不對位，充分表現了兩種不同的結構形式特徵；與大廳垂直方向再分成兩間正方形的小室，每間用磚坯砌一半球形穹窿爲頂。大廳的正面是禮拜的方向，在中心軸綫盡端置兩倍于小室的後窑殿，西墻置聖龕，其餘三側設拱門。頂上爲兩倍于小室的大穹窿。窑殿兩側各餘半間連接體外，各置三開間六穹窿的小室，將大廳全部完整地圍合起來。這種方式可以説是適應吐魯番奇特的天地環境的自然産物。吐魯番向以火州著名，六至八月的平均最高氣温都在三十八攝氏度以上，絶對最高氣温又在四十七攝氏度以上，烈日照射下光露的地表實測温度竟達八二・三攝氏度以上。在這樣乾熱高温的狀況下，創造了這種厚墻、封閉、小室圍合、平頂高窗、局部内院加穹窿的建築形式；保證了陰涼舒適的室内環境，在這種惡劣嚴酷的條件下，是維吾爾族人的了不起的發明創造。

再從塔的形式來看，正圓形平面，直徑達十四米，上部直徑僅二・八米，變化較大。高四十四米。中設螺旋形梯級。有小門與寺院前廊相通。表面利用磚塊形狀，砌成不同紋樣，如同編織一般，使單調呆滯的圓筒式立面豐富起來，加上明顯的收分和捲剎，雖仍屬伊斯蘭教建築形式，但既不同于波斯伊朗，也不同于阿拉伯、中亞，也是獨樹一幟的創造。可以稱之吐魯番維吾爾族式。寺殿特別之處，完全集中在一座單體建築中，外觀簡單，乾淨利落，統一協調，極雄偉壯觀。

清同治十一年（一八七一年）貴族首領安集延阿古柏侵占新疆後，阿古柏盤踞吐魯番，其次子海古拉在廣安城西關外修築新城。黄土夯築，呈長方形，城墻高五米，厚二・五米，護城河深寬各三米，祇在東西設門，面積約〇・四八平方公里，大于老城〇・一六平方公里。具有伊朗建築風格的清真寺，非常突出。

3　烏魯木齊市

公元一七六三年（清乾隆二十八年）于天山中部築迪化城，即今烏魯木齊市。清光緒十年（一八八四年）建省，首府稱迪化。一九五五年建維吾爾自治區，將迪化改稱烏魯木齊，烏魯木齊蒙古語，爲『優美的牧場之意』，位于天山北麓，烏魯木齊河畔。現存大小清真寺七十五座，大體分兩大類，一爲維吾爾族清真寺；一爲回族清真寺。維吾爾族清真寺多分布在維吾爾族居住集中的居民區。城區内較著名者有：（一）南門寺、（二）和田寺、（三）白大寺、（四）洋行寺、（五）南梁寺、（六）飲水巷寺、（七）八户梁寺、（八）卡白爾阿吉寺、（九）中橋北寺、（十）中橋南寺、（十一）沙依巴克寺、（十二）努爾卡里寺、（十三）黄河路寺、（十四）西北路寺等。

南門清真大寺：爲一九八五年重建之物，總投資一六八萬圓，政府資助三十萬圓，其餘全爲群衆集資。一九八七年正式啓用。位于南門臨街，坐西向東，外觀壯麗，造型美觀。四座高聳的尖塔，簇擁着中央大圓穹窿，兩側另有半穹窿夾持，有點土耳其式的味道。整體爲塔樓型。總計四層，建築面積二千八百餘平方米。第一層地下室，面積七三七平方米。第二層爲地面層，亦爲七三七平方米，其中二六〇平方米，爲水房、理髮室、『埋體』房等寺院生活用房，其餘四七七平方米開闢成『汗騰格里寺院商場』的營業廳。『汗騰格里』是維吾爾族語，是南門大寺的維吾爾族名稱，意即『拜主處所』。商場正面懸有上述名稱的匾額。并且頂上還寫有經文：『真主准許買賣，而禁止重利』（第二章二七五頁）。第三層是禮拜殿。前有寬敞的平臺，兩側是螺旋梯級，并建有樓廊通道。大殿門庭高大，三座大門上懸挂有精美阿拉伯文書體經文，抱厦内大理石柱多根，大殿廳堂寬敞明亮，幽静華麗，可容千人以上同時禮拜。第四層是經學班教學樓。重建前的本寺，始建于十九世紀中葉，至今已有一三〇年的歷史，由于年久失修，加之城建用地需要，今寺是移地重建。

烏魯木齊市區内回族清真寺比維吾爾族多，其實這反映了人口民族構成成份。這裏的回族人主要是十八世紀以來由内地遷來定居的。清乾隆二十至二十四年（公元一七五五至一七五九年），清朝出兵伊犁，平定了準噶爾叛亂，統一了南北疆以後，便在新疆實行大規模屯墾，當時以烏魯木齊爲中心，東起木壘，西至瑪納斯一帶。開始由士兵耕種，後來由陝西、甘肅一帶遷來大批回、漢族人民，有的到墾區務農，有的留城經商，成爲烏魯木齊市人口的主要來源。此後不斷地又有一些回族遷來，所以這裏的回族習俗與陝、甘、寧、青基本相同，他們都是以清真寺爲中心聚族而居的，稱教坊。因此，清真寺、教坊均是以教民的居住地來劃分。當某一地區的教民達到一定數量，具有供養阿訇、滿拉的財力物力，然後即可籌建一座清真寺，就形成一個新教坊。教坊内的教民稱『高目』。城區回族寺分别稱大坊寺和小坊寺，絶大多數屬大坊寺，其又分屬『格底木』及『胡非耶』等不同派别，主要延續了陝西老派傳統。小坊寺是新傳派，稱『哲赫林耶』派，乾隆年間傳入，剛剛纔有二百年。同治十年（一八七一年）新疆又分成兩個支派，沙溝派和板橋派。

新疆大小坊雖有派系之别而無派系之爭，均能和睦相處、聯姻交往。烏魯木齊市的回族寺院也和維吾爾族一樣比較簡單樸素。近年來纔有些改觀。著名的清真寺有：（一）陝西大寺、（二）永登寺、（三）徐州寺、（四）大彎寺、（五）固原寺、（六）青海寺、（七）撒拉寺、（八）巴里坤寺、（九）寧固寺、（十）寬巷寺、（十一）南大寺、（十二）老南坊（坑坑寺）、（十三）十七户寺、（十四）彬州寺、（十五）北坊寺、（十六）南坊寺、（十七）鳳翔寺、（十八）河壩沿子寺等。其中南大寺、河壩沿子寺屬小坊寺的『哲赫林耶』派内的沙溝派；老南坊寺（坑坑寺）屬『哲赫林耶』派内的板橋派。回族清真寺中最古者是陝西大寺，位于南門和平南路永和正巷，始建于乾隆、嘉慶年間，陝西籍穆斯林募捐興建。光緒三十二年（一九〇六年）重修。整個建築是模仿西安華覺巷清真寺的。主體建築——禮拜殿，坐西朝東，殿内兩側構築迴廊，大殿前部爲單檐歇山頂，後部爲下四上八的重檐式八角樓亭，精巧壯觀。禮拜殿前部約二八〇平方米，高十餘米，八根雕石底座大柱穩立殿中，屋頂由四根横梁經數層傳遞落成，一根根圓木柱間隔支撑，巍然屹立。後殿藻井圖案别致，凹壁（聖龕、米哈拉布）及門窗裝飾，也都刻工精巧。殿内磚雕木刻，均采用植物花卉，瓜果風景乃至于瓶案博古、琴棋書畫，幾何圖案，絶對不使用人物偶像及有血性的動物。殿前月臺廣場，方磚鋪地，平坦寬敞，節日禮拜，站無隙地。整個建築用綠色琉璃，古色古香，是漢式古典式建築。現爲烏魯木齊市重點文物保護單位。

昌吉市陝西大寺大阿訇馬良駿，其傳人馬正忠，尤其擅長蘇非派哲學，主麻日聚禮用太吉威德規則誦讀古蘭經。

4 喀什地區

新疆古代伊斯蘭建築大部分集中在『絲綢之路』的中轉站喀什地區。喀什伊斯蘭教建築是我國古代建築藝術的重要組成部分，是珍貴的歷史文化遺産，保護和研究它，對伊斯蘭教傳入以來的新疆歷史、文化、科學、工藝、技術、民族生活方式、宗教習俗的研究，各個民族之間的來往，相互關係，吸收和繼承民族建築特點和藝術精華，進行具有民族特色和地方特色新建築設計，從事工藝美術創作，繁榮社會主義民族建築事業都具有特别重要的意義。伊斯蘭教是世界五大宗教之一，它通過來華的阿拉伯商人傳入中國。唐代阿拉伯和中國的交通往來已具有相當規模，通路主要有兩條，一爲陸路，另一爲海路。陸路經波斯和阿富汗到達新疆天山南北，再經青海、甘肅直至長安一帶。此時的中國印刷、火藥、造紙技術等文化，通過新疆南（喀什）、北（伊寧、霍城）傳入西方各國。同時阿拉伯的科學文化（主要是天文、曆法、建築、醫學等）通過這一途徑傳入中國各地。此外還有海路。隨着『絲綢之路』的日益旺盛，地區遼闊，土壤肥沃、氣候温和、風景秀麗，坐落在東西方文化交流、貿易聯係橋梁上的喀什，在這樣有利環境下，就把當地的傳統文化和各國的優秀文化有機地結合在一起，在宗教、科學、文化、手工業、農業、建築藝術等方面取得顯著發展。在這裏生活的各族人民，經過許多年的辛勤勞動和創新活動，創造了具有地方特色、民族風格的傳統文化藝術寶藏，爲中華民族文化和世界文化作出了不朽的貢獻。喀什保存的古代建築和它的遺迹都很豐富，可惜在十年動亂時期遭到嚴重破壞，一部分則完全被毁掉。中共十一届三中全會後，爲古代建築的保護和研究開始提供了良好條件。

公元七五五年在唐本土爆發了著名的『安史之亂』，西北地區回鶻（維吾爾族）爲首的民族軍隊和阿拉伯軍隊也參加了平叛。叛亂平息之後，一部分阿拉伯士兵和商人未返回故里，在當地安家落户，爲伊斯蘭教在中國的傳播打下基礎。『安史之亂』平息後不久，吐蕃占領了新疆東南部和河西走廊，切斷了東西方聯係、貿易通道。公元八四〇年以後回鶻徹底驅逐了吐蕃，先後建立了高昌國和喀喇汗王國，纔又恢復了東西方的友好往來。十世紀初，喀喇汗王子蘇吐克（喀喇汗王朝第四代王，第二代王巴兹爾次子，在位公元九四二至九五五年）由于伊斯蘭宗教人士和阿拉伯伊斯蘭文化的影響，改信伊斯蘭教。他登上王位之後，首先在喀什地區傳播伊斯蘭教。而在高昌，回鶻人中間仍繼續信仰佛教，佛教建築繼續得到很大發展。在南疆以喀喇汗王朝的首都爲中心，産生了伊斯蘭教建築藝術。公元九六〇年喀喇汗王將伊斯蘭教定爲國教。公元一〇〇一年攻滅了于闐李氏佛教王朝，將伊斯蘭教傳播到塔里木盆地南緣。遼國皇室宗親耶律大石，遼亡于金後西走，經高昌回鶻至中亞的花喇子模，于公元一一三二年建西遼王朝。公元一一三四年控制了東喀喇汗國，公元一一三七年進軍撒馬爾罕，西喀喇汗國也歸順西遼。公元一二一一年屈出律篡滅西遼，公元一二一八年成吉思汗派大將哲别統軍進剿，一舉消滅了屈出律軍，蒙古人成爲西域統治者，分封四大汗國——窩鍋臺汗國、察哈臺汗國（公元一二二五至一三四八年）、欽察汗國、伊爾汗國。公元一三四八年，察哈臺汗國分裂成東西汗國。十四世紀中葉，東察哈臺汗國托乎魯克成爲第一個信奉伊斯蘭教的蒙古可汗。公元一五一四年賽義德建葉爾羌國，東察哈臺汗國滅亡。隨着伊斯蘭教的形成、普及與發展修建了許多清真寺、教經堂，同時還爲了紀念國王和著名學者、哲人而修建了陵墓，在主要城市裏以國王的名義修建了『皇家教經堂』和清真寺。在喀喇汗王朝時代，伊斯蘭教建築藝術在造型、布局、裝飾和結構等方面，繼承了傳統風格，是在根據伊斯蘭教的教規和風俗習慣進行改革的基礎上形成的，并且首先以清真寺、教經堂建築爲主發展起來。建築布局在滿足宗教活動需要的條件下，按照地理條件，靈活布局均勻地分布于穆斯林集中的居住區内。喀什伊斯蘭教建築以木結構、磚木結構、磚結構爲主要結構形式，創造了與這種結構形式相適應的木柱、平頂、密梁和拱頂等兩種建築形式，外觀優美。建築的雕花裝飾，内容豐富，造型精彩。根據使用材料和工藝技術特點可分爲木雕花、磚雕花、石膏雕花磚、拼花磚、琉璃磚、彩畫等十幾種。按建築材料決定用法，木結構建築，使用木雕花和彩畫較多。磚結構建築以石膏雕花、拼磚、花磚、琉璃磚爲主。

喀什市裏共有三五一座清真寺，其中加曼清真寺二十七座，阿孜那清真寺五十八座，重點保護的清真寺二十四座。

（1）艾提尕爾清真寺：坐落在艾提尕爾廣場，是新疆規模最大、最宏偉、最壯觀的古老清真寺。此地在五、六世紀前，是王公貴族和他們的後代子孫們祭祀用的城郊墓地。由于他們有在墓地上進行宗教活動的需要，公元一四四二年（明正統七年）在這裏開始建築了小清真寺。至一五五七年（明嘉靖三十六年）當時統治喀什的統治者烏布里·阿迪·伯克對它進行了第一次擴建。後來分别于一七八七年（清乾隆五十二年）、一八〇九年（清嘉慶十四年）、一八三七年（清道光十七年）進行了多次擴建。一八三七年擴建以後改稱艾提尕爾清真寺。一八七三年（清同治十二年）柏多維來提（阿古柏）時代，再次擴建，將西部改爲清真寺，東邊改爲教經堂，從而將寺分成兩大部分。教經堂部分的北面、東面、南面修建了七十二間宿舍，東北部修建了可供一百個穆斯林淋浴用的水房。東面還修建了門樓和邦克樓，但總的布局和造型没有太大的變化。一九五五、一九八五年先後又進行過加固修理。占地總面積一萬六千平方米。大門、門樓用磚砌成，形同伊朗盛行的屏風門式的門殿，但又有明顯不同，中央五間設大門拱，兩側五層小拱，上部一列七間小拱，此種構圖方式具有獨創性，高大壯觀。廊拱兩端是兩座十八米高的邦克樓，其形式既不同于伊朗式，也不同于土耳其式，亦綜合地反映了地方的獨創性。在立面上還采用了不對稱處理的手法。通過體量大小和高低變化，把主要進口突出出來。庭院内設水池兩口，水池四周　綠樹參天，與兩側的白墻相映，給人以清新、凉爽、滋潤之感。禮拜殿分爲内殿、外殿和側廊三大部分。長達四十米，深十六米，殿内立有木柱一四〇根，可謂中國的多柱第一廳。屋頂爲露明、密梁、平頂結構。重點部位設彩畫。外殿是開敞式的柱廊，由前廊和側廊組成。外殿間天棚設天花藻井，并用彩色圖案裝飾，整個清真寺的布局、造

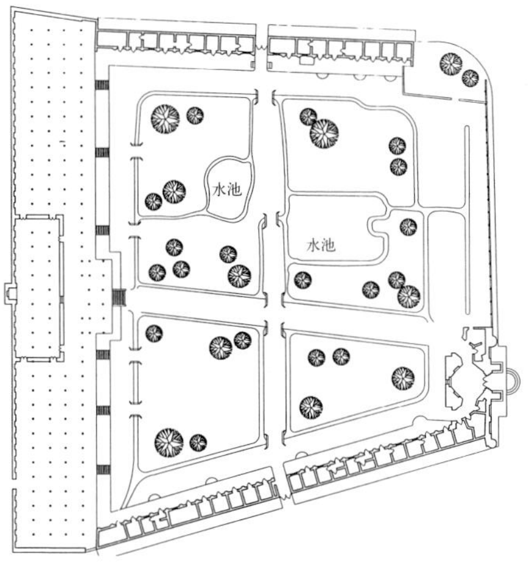

圖一二三　喀什艾提尕爾清真寺總平面圖

型、結構和彩繪裝飾方面都具有濃厚的地方特色和民族特色（圖一二三）。

（2）拾帕安巴扎爾阿孜那清真寺：這座清真寺是新疆現存清真寺中最古清真寺。公元一一一九年（北宋宣和元年），由名叫尼沙罕的女施主出資建造。一二〇四年（南宋嘉泰四年）當時的群衆再次集資修建。一九〇四年克里木·巴亞迹又修建過一次。一九六八年外殿門樓被毁，成了現在的規模六〇七平方米，所幸内殿没有遭到破壞，直到現在保存較好。内殿有一間天花藻井，通過木雕刻和彩繪使藻井顯得非常精美而引人注目。

（3）阿熱斯蘭罕清真寺：公元一三六二年（元至正二十二年）在艾熱斯蘭罕的時代，在其母親努爾·阿拉努爾夫人幫助下建造的。一八〇四年（清嘉慶九年）修理一次。一九八一年將被破壞的塔樓重新建造出來。當初這座清真寺很典雅、壯觀，所有的柱子上都有刻花，『文革』時遭到破壞。現存規模三七三三平方米，庭院内開有水池一眼。四周綠樹參天。跟周圍的自然環境有機地結合在一起。禮拜殿的西側和南側是陵墓，爲一座古老的陵墓建築，雄偉、大方，平面四方形，每天都吸引了大量的游客。

（4）麻木廣布拉克清真寺：大約在一四八九年（明弘治二年）建造，直至一九八三年以前，還保存得比較完好。一九八三年被當地的群衆裝修一新（墻、室内等）。一九八八年又由多年來一直生活在沙特阿拉伯的阿卜杜·謝庫爾阿吉，重新修建塔樓等一些重要部分，成了現在這種完美的形式。内殿面積九四平方米，外殿面積七一平方米，庭院面積一一五平方米。

（5）阿帕克霍加陵：阿帕克霍加大麻扎，是目前所知規模最大、保存較好的陵墓建築。它由大門、高禮拜寺、低禮拜寺、教經堂、主墓室、接待室等一系列建築物組成。它建于一六四〇年（明崇禎十三年）爲埋葬阿帕克之父阿吉·穆罕默德·玉素甫而修建。一六七九年（清康熙十八年）他藉爲先父修建麻扎的名義大肆擴建，同時在西北側修建了一座經堂和禮拜寺。在西南側修建了大門和低禮拜寺。清朝統一新疆後，乾隆皇帝下令進行第一次修理。十九世紀七十年代進行第二次修理，擴建了大禮拜寺，重建了小禮拜寺。雖然屢經修葺，但在基本規模和造型上未有較大的變動。大門、高禮拜寺、低禮拜寺和教經堂互相毗連形成了一組雄偉壯觀的建築群體，各部分均結構堅固，造型典雅。主體建築是阿帕克霍加大麻扎，平面爲長方形。磚結構，穹窿頂，中央穹窿頂高二六·五米，直徑十六米。主墓室内部寬敞，中間高臺上排列着許多大小不同的墓體。其中阿吉·穆罕默德·玉素甫及其長子阿帕克霍加的墓體居中，且特别高大。周圍埋葬着他們的家屬。據説原來埋葬着五代七十二人，現在保留下來的實際上是五十七座、墓上嵌各色琉璃磚，用絲織蓋布掩蓋起來。經堂和它前面的敞廊，是阿帕克霍加和他的子孫念經和做禮拜之處。大禮拜寺寬敞而壯觀，前殿是由七十二根立柱支撐起的密梁平頂。後面和左右兩個側面是由半穹窿組成。柱身和梁枋上的雕刻圖案和繪製的花卉式樣都極爲别致優美。陵墓周圍栽植各種樹木，設有水池、果木園子，建有土坯住房和中小形墳墓，與高大、壯觀的陵墓形成强烈對比。（圖二四　a～k）

（6）喀什玉素甫·哈斯·哈吉甫墓（圖二五）：墓主是十一世紀中期的維吾爾族詩人。公元一〇七〇年他写成長詩『福樂智慧』。墓園布局独特造型宏偉、民族风格濃鬱。

5　莎車地區

葉爾羌汗國的創建者賽義德是吐魯番酋長阿黑麻之子、滿速兒之弟，公元一四九〇年（明弘治三年）生于吐魯番。公元一五一四年圍攻喀什噶爾，久攻不下，轉攻英吉沙爾（今英吉沙），三個月後獻城納降，乘勝攻下喀什噶爾和葉爾羌鎮。賽義德遂于同年即汗位，定都葉爾羌。葉爾羌汗王以諸弟分長八城，曰吐魯番、哈密、阿克蘇、庫車、和田、喀喇沙爾（今焉耆）、烏什、喀什噶爾，以及若羌、且末等地。東睦吐魯番，集中向西北、西、西南用兵，勝利很多，意義不大。公元一五三三年賽義德戰死，其子阿布都拉失德繼承汗位，消滅割據天山南北二百餘年家族朵豁剌惕殘餘勢力，收復東察哈臺汗國統治中心阿克蘇。公元一五五九年或一五六〇年拉失德死，子阿布都克里木繼位，公元一五七〇年奪得吐魯番和哈密，統一了天山南北。公元一六一〇年艾哈買提繼位，西征東討，其叔阿布都熱依木在吐魯番稱汗，遂分裂成東西二部。艾哈買提熱中于游樂，不思統一，最後衆叛親離，于公元一六一八年或一六一九年被叛軍所殺。其衆擁立忽拉亦思爲汗王，又被艾哈買提之子阿布都里提夫打敗，重新繼承了汗王位。當西葉爾羌陷于戰爭之中時，東葉爾羌汗王阿布都熱依木之子阿布都喇出兵攻下喀什噶爾、葉爾羌，東西再次統一。他同新成立的滿清皇朝建立了聯係。他曾打退瓦剌、柯爾克孜、哈薩克的進攻，用兵帕米爾高原西北部，未能取勝，招致了外患内亂。其子尤勒巴爾斯奪得政權，逼其父于公元一六六七年退位自立，公元一六七〇年被準噶爾首領僧格所殺。至公元一六八〇年準噶爾首領僧格之弟噶爾丹攻入葉爾羌，汗國遂亡。

（1）葉爾羌汗國王陵——阿勒同魯克，位于莎車老城和新城之間的阿勒同德爾瓦兹以北，爲紀念開國汗王賽義德于其逝世的一五三三年（明嘉靖十二年）建造的。由三大部分組成，北部爲阿勒同清真寺，南部是水池，其間是阿勒同陵區。陵區面積五千平方米。

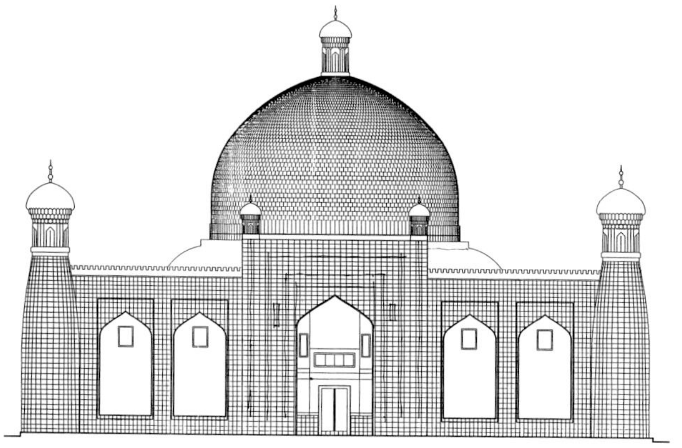

圖二四b　阿帕克霍加陵主墓室正立面圖

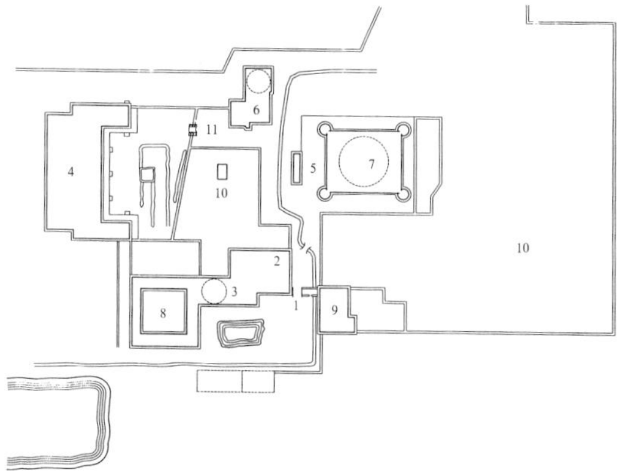

圖二四a　阿帕克霍加陵總平面圖

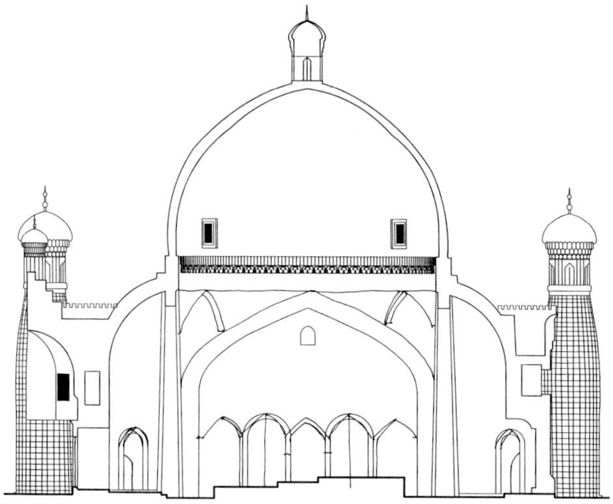

圖二四d　阿帕克霍加陵主墓室剖面圖

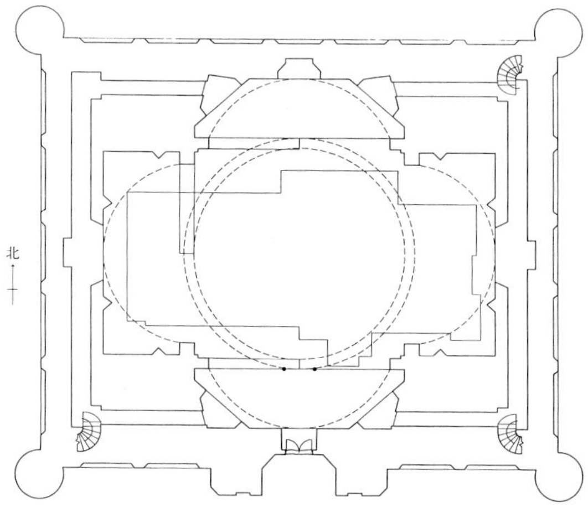

圖二四c　阿帕克霍加陵主墓室平面圖

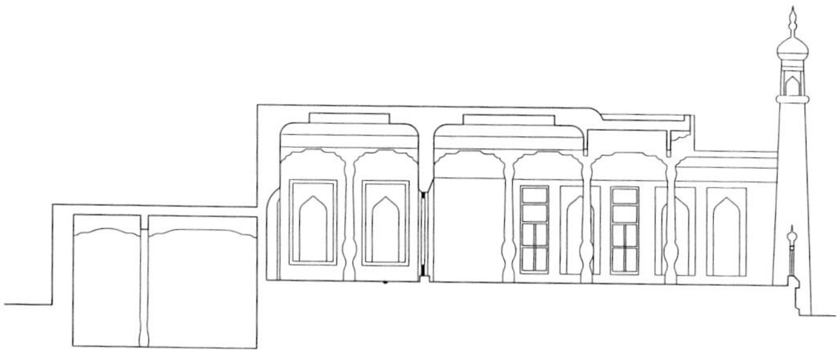

圖二四f　阿帕克霍加陵園內高禮拜寺與低禮拜寺剖面圖

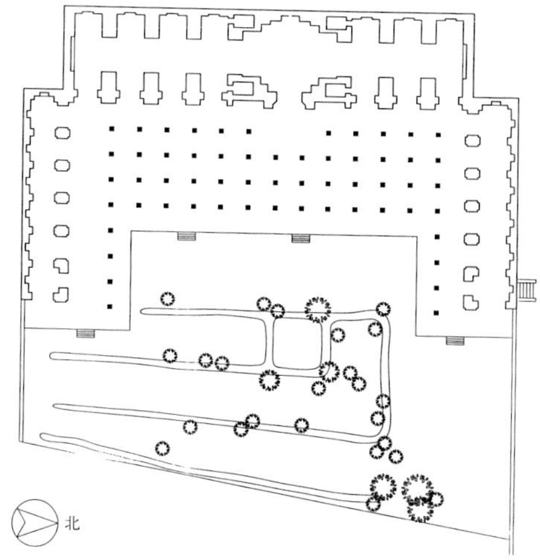

圖二四e　阿帕克霍加陵大禮拜寺平面圖

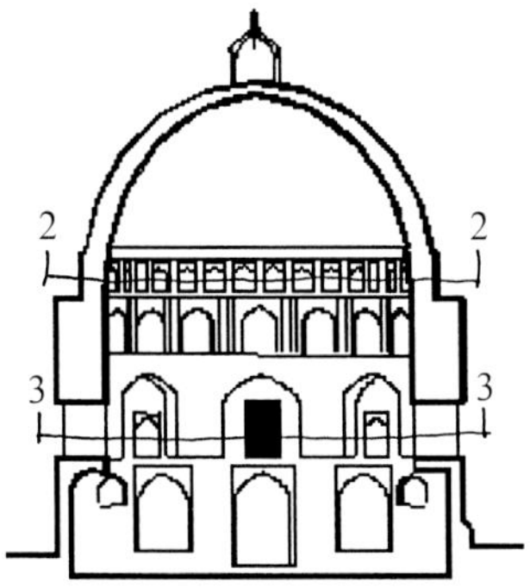

圖二四h 阿帕克霍加陵
經堂剖面圖1-1

圖二四i 阿帕克霍加陵
經堂平面圖2-2

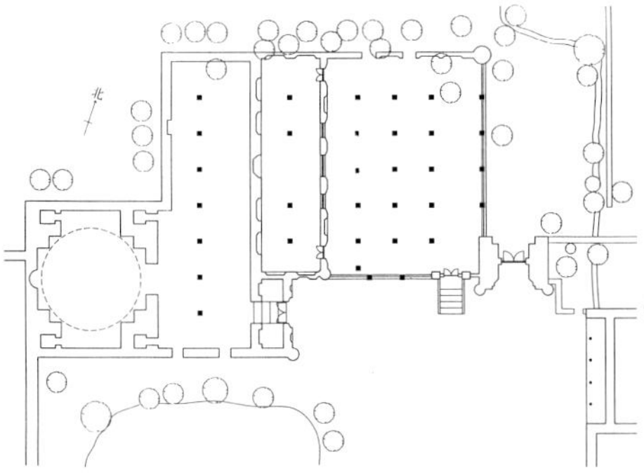

圖二四g 阿帕克霍加陵高禮拜寺與低
禮拜寺平面圖

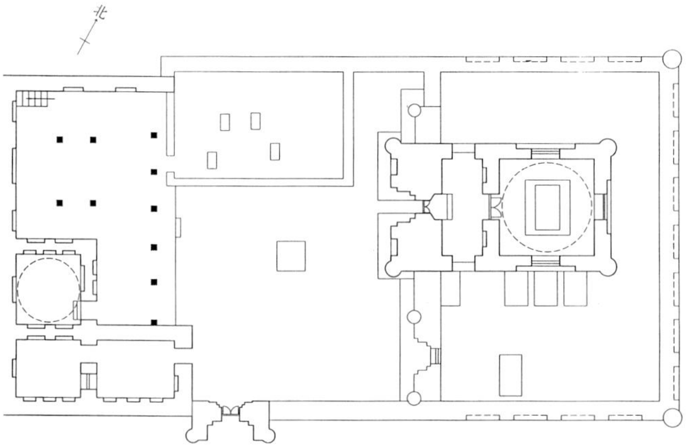

圖二五a 玉素甫・哈斯・哈吉甫陵總平面圖

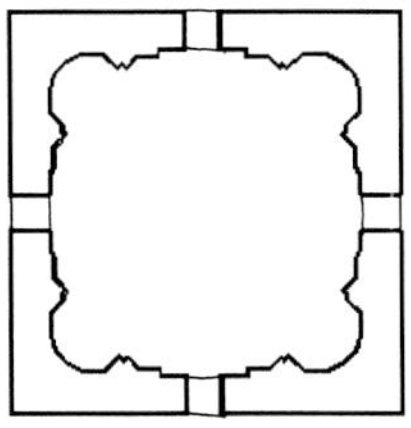

圖二四j 阿帕克霍加陵經堂平面圖3-3

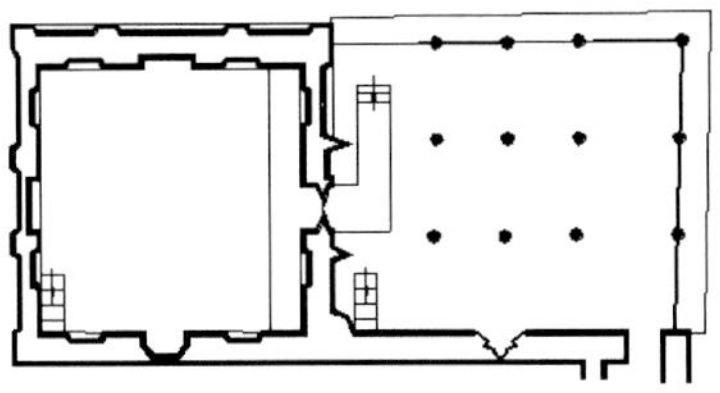

圖二四k 阿帕克霍加陵園内經堂平面圖

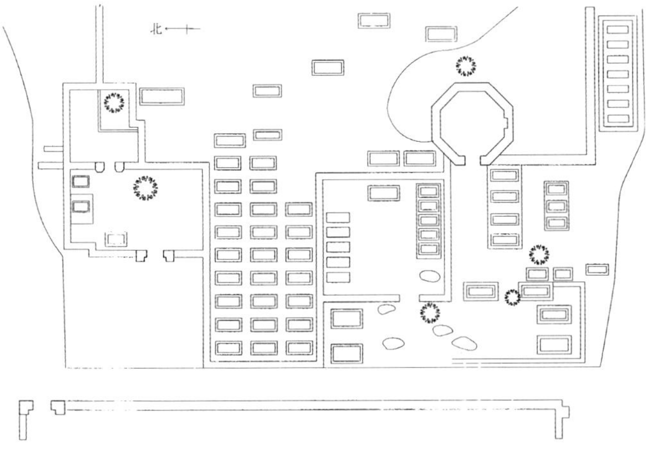

圖二六 莎車（葉爾羌）阿勒同王陵總平面圖

圖二五b 喀什玉素甫・哈斯・哈吉甫陵剖面圖

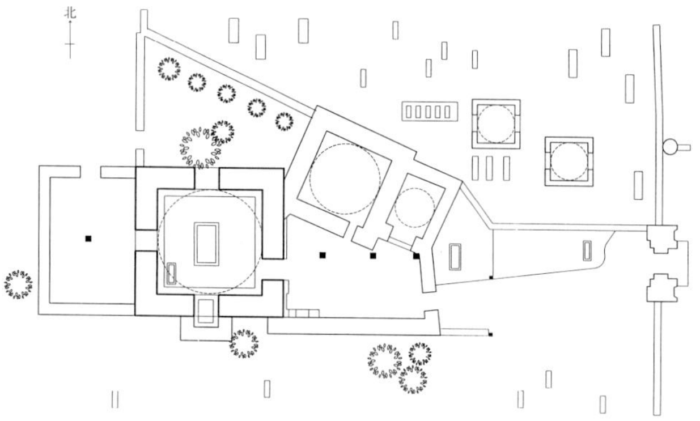

圖二七　穆罕默德·謝里甫霍加陵總平面圖

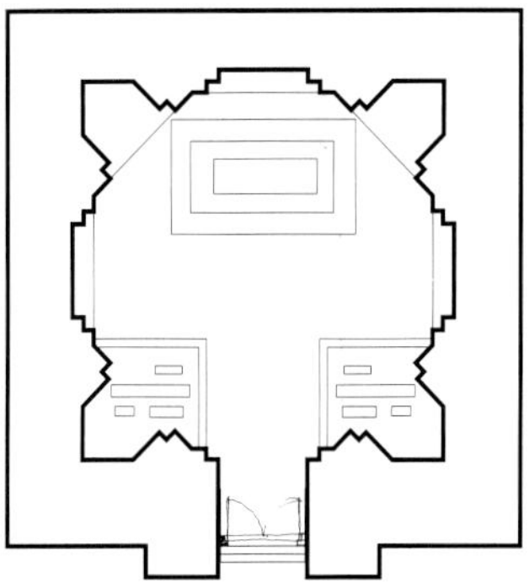

圖二八　莎車穆罕默德·謝里甫霍加陵小墓室平面圖

其中再用圍墻分成六個區域，分別葬有歷代汗王和王妃、權臣、貴族、親王等。墳墓成行成列，大小一致，形體統一，下爲基座，長條形平面，磚砌，其上爲桃尖形斷面的墓體，表面飾有各種紋樣的石膏花飾和銘文。清真寺，簡單樸素的平屋頂、木結構，分内殿外殿兩部分（圖二六）。

（2）穆罕默德謝里甫陵位于莎車縣北端，始建于賽義德王朝，現在規模是回曆一二二二年（公元一八〇七年）尤努斯王擴建的。由大門、祈禱室、主墓室、經堂等建築爲主體，包括周圍幾個不同大小的麻扎和清真寺組合而成。大門正立面用琉璃磚貼面，祈禱室爲密梁平頂，前設敞廊，柱身及梁枋皆刻滿花紋。祈禱室内有彩畫、花磚和石膏花飾。壁板上并寫有經文和聖人列傳。主墓室上端用波斯文，寫有對汗王的頌詞和麻扎建造、修葺的時間。經堂位于主墓室西側背後。祈禱室北側有並接的小墓室兩座。主墓室平面呈正方形，厚墻，磚砌，上置圓穹窿罩頂，外表面鑲有綠色琉璃磚。汗王墓體安放在高高的墓臺上。布局造型花飾皆具有獨特的地方風格（圖二七、圖二八）。

6　阿克蘇地區

蘇里唐薩吐克博格拉汗陵廟

蘇里唐蘇吐克博格拉汗，是喀喇汗國第三代汗王、第一個崇奉伊斯蘭教的維吾爾汗王。公元八四〇年，回鶻汗國宗室龐特勤（後稱毗伽厥卡迪爾汗）率十五部族西遷後在中亞七河地區建立喀喇汗國，九世紀後半期，龐特勤長子巴兹爾爲大汗（博格拉汗），都巴拉沙衮（今吉爾吉斯境内），次子奥古爾恰克爲副汗王都怛邏斯（今哈薩克斯坦境内）。公元八九三年奥股爾恰克遷都喀什噶爾。十世紀初，巴兹爾之子蘇里唐薩吐克在皇室成員中率先接受伊斯蘭教。十世紀二十至三十年代，蘇里唐薩吐克推翻奥古爾恰克，統治喀什噶爾。公元九四二至九四三年蘇里唐薩吐克占領巴拉沙衮。不久又返回到喀什噶爾，前後執政四十餘年，積極推行伊斯蘭教，于公元九五五或九五六年去世。其子巴伊塔什（突厥名），教名穆薩本阿卜杜克里木繼承父位，確立伊斯蘭教爲國教。爲了悼念父王的功績按伊斯蘭教習慣修建此麻扎，可以説它是新疆地區最早修建的伊斯蘭教陵墓建築。它位于阿圖什縣東北的麥西提（謝依特）鄉。從對喀喇汗時代伊斯蘭教建築調查過程中掌握的資料來看，這個麻扎最早修建爲木結構密梁平頂，四周開木格花窗，與一般民居無太大的差別。葉爾羌賽義德王朝第二代王阿布都熱西德（拉失德）汗時（公元一五三三至一五六〇年在位），擴建爲磚結構、穹窿頂，即所謂天圓地方式，外表面裝飾各種花紋的彩色琉璃

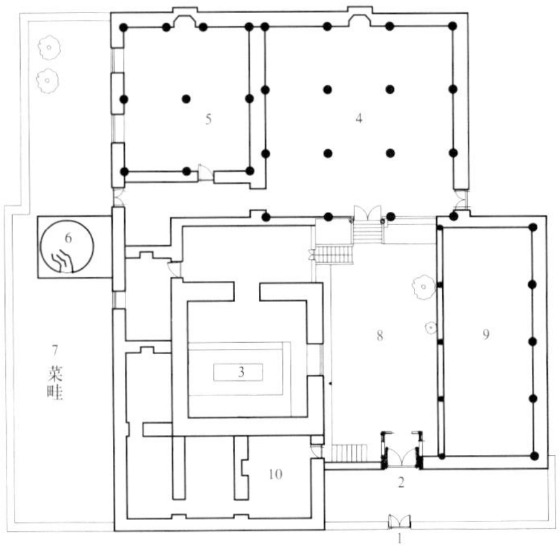

圖二九　哈密托乎魯克陵總平面圖

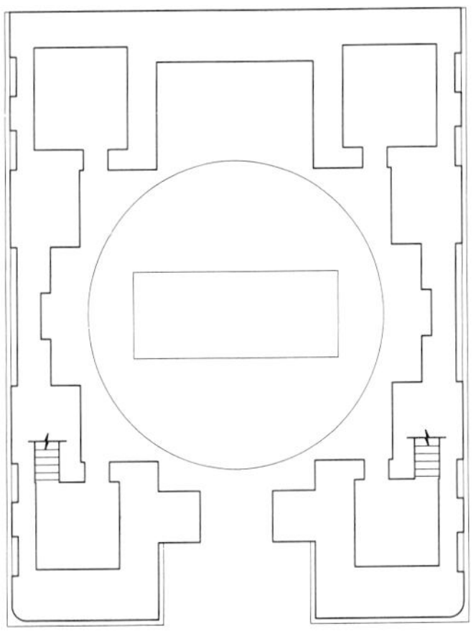

圖三〇　托乎魯克·鐵木爾汗麻扎平面圖

磚。現在所見是一九五六年重新修復之後形成的。整個陵園用地規整，內容豐富，環境幽雅。新建屏風式大門樓，在正立面上分三部分，中央屏風特高，置一大門拱，兩側設磚砌裝飾性小圓塔。其外側兩屏風墻較低，各分兩間，并砌成門拱形，盡端另砌多邊形與圓形交互叠置的細長高塔，并砌出水平腰綫，將塔身分成九層，頂上再起小圓塔收頂，高聳入雲，遥望便知。該大門面臨該鄉南北幹道，坐西朝東，入內爲一正方形水池，清水碧波，周繞鑽天青楊，綠蔭匝地，如入世外清凉地。水池西側爲清真寺，有內殿、外殿，殿西爲墓地。墓地北側另闢一區，爲蘇里唐薩吐克陵墓。墓體不大，正方形平面，四向正中闢尖拱門，四角立圓形柱墩，四角攢尖式鐵皮屋頂，坡度平緩，檐口單薄而短淺，以小圓塔收頂，墻面砌成條狀花紋。入內爲方室，中央置墓臺。雖爲一九五六年新建，形體比例尚感典雅，我以爲仍是參考葉爾羌時代之物改建而成。當初應是半球形穹窿頂。其西側就原墓新建了伊斯蘭教賢哲艾布納斯爾薩滿的陵墓。是他幫助了蘇里唐薩吐克王子皈依了伊斯蘭教。由于是新建，規模龐大，裝飾華麗。平面是三間正方形，正面向東，中央明間立屏風門，兩側置小塔，兩次間砌成尖拱形墻壁。四角另起圓塔。南、北、西三面各間內砌成拱形，明間闢窗外，各間拱內爲粉白墻面，餘皆以藍琉璃磚貼面。正中設十六肋桃尖形穹窿，也用藍琉璃貼面，益顯淡雅清麗。

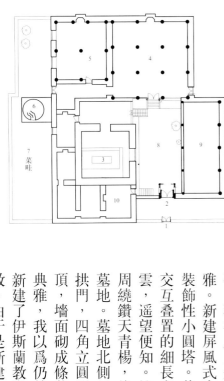

7 伊寧地區

霍城托乎魯克鐵木爾汗王陵，位于伊寧市霍城縣西北四十公里處的大麻扎鄉。托乎魯克鐵木爾是蒙古族，成吉思汗次子察哈臺汗王的後裔。蒙古人西征時正值伊斯蘭教在中亞取得長足發展的時候，木八喇沙汗是改信伊斯蘭教最初的察哈臺汗，他的母親額兒根可敦也是穆斯林。當塔里忽繼承汗位時皈依了伊斯蘭教，被部下處死，可見鬥爭很激烈。最後起决定作用的是托乎魯克鐵木爾汗。他于一三四七年（元順帝妥歡帖睦兒至正七年）登位，一三五二年信奉伊斯蘭教，自稱『莎勤壇』，即蘇丹，當即有十六萬人剪掉長髮皈依伊斯蘭教，一三六三年（元至正二十三年）死後葬在這裏。陵墓是一座獨立的單體建築（圖二九、圖三〇），平面呈一〇·七七乘一五·三八米的長方形，奇妙的是這種尺寸比例近似造型上的黃金分割比。中央設置一個直徑七·五米的單殼桃形大穹窿，內部頂高一四·五米。下爲磚砌厚壁，四面圍成正方形的方室，壁面正中開桃形大拱券一孔，別無他飾。其上抹角呈八角形方室，再上八角抹角，呈十六角形的穹窿基盤，再抹成三十二角，構成鼓座，承托單殼桃形穹窿。墓室中央置墓臺，上安置伊斯蘭傳統式的棺體，橫置。前部中央設門洞、凹肚門殿，兩側是後墻圍成的小方室，內設梯級可以登上二層圍廊。後部僅設三室，中室向內開敞，兩側室以小門與大墓室相通。外觀正立面基本上是一座屏風門式立面，呈高、寬幾乎完全相等的正方形，在横向上分成三等份，其中央等份爲高聳空敞的桃形拱券，形成凹肚形門殿。兩側各三分之一爲實墻面，用磚砌成豎向框格，貼深藍深綠色調爲主的琉璃磚飾面，以純白色古蘭經文編織成的文字文様爲主，輔以幾何文様，共有二十幾種，顯得非常端莊肅穆，高雅華麗，不愧是伊斯蘭王家風範。其他兩側面依據分間砌出倚柱和盲拱，中央間一孔，前後間各兩孔。背側面平素無華，僅用白粉粉刷。穹窿頂及鼓座也僅用白粉刷而已。至今六百餘年，色彩新鮮艷麗，在綠樹、藍天、白雲的襯托下，顯得格外莊重美麗。可惜邊沿部分與墻脚部分均有剥落毁壞。

（一一）瀋陽地區

《瀋陽縣志》宗教卷記載：『清真寺有三，皆在外□關回回營。俗呼禮拜寺。南寺清初教民鐵率吾建。北寺乾隆間楊氏、馮氏、脱氏建。東寺嘉慶季年趙氏、馬氏建。每寺設教長一，亦名掌教，爲世襲制。副教長二，教師無定額。今寺中司事者猶原建寺人之裔。』日僞時期有新建一寺，故今有四寺。

（1）瀋陽南寺：位于小西邊門南寺胡同。寺是東西向中心軸綫（這是一反中國傳統思想：聖人南面而聽天下，向明而治。故中國建築幾乎全是南北軸綫），沿軸綫縱深布局。大門三間，僅用前金柱，明間闢門，次間設窗，單檐懸山頂。門前有回車、馬、轎的小廣場，隔場置照壁以爲標志。門兩側設垣墻，墻上開左右掖門。入内爲空曠的院子，正面是二門，單開間，前檐兩柱落地。南北兩側各有小屋三間，與大門一起形成第一進院落。二門後檐設屏門，一般由兩側入，内爲寬闊規整的主要庭院，正面即爲大殿，入内可分前、中、後三部，前部三間的捲棚抱厦，進深六架，鞍子背，廡殿式，筒版瓦甍頂。中部五間七架，木架磚墻，歇山式。後部五間八架，鞍子背。窑殿居于最後，平面爲六角形，磚砌厚壁，環繞六角柱。西壁爲聖龕。第二層、第三層，全爲木結構帶腰檐的六角樓閣，故日人學者稱此窑殿爲塔屋。寺内現存最古石碑清乾隆三十六年（一七七一年）記有：皇清定鼎之初，鐵率吾公倡議舉行，捐資興事，百餘年前，建南寺焉。于此推之當在康熙十年（一六七一年）之前，即康熙初年之事。乾隆年間達于盛期，未見直接修建記錄，至嘉慶四年（一七九九年）始見大規模重修。而後又三十餘年，至道光十一年（一八三一年）、二十八年（一八四八年）皆曾修整。光緒初年二三權貴謀修未果，至光緒二十九年（一九〇三年）又進行了一次大修即今日所見之面貌。董其事者天津滄州人張桂林也。此寺曾保存有明確記年的石碑匾額如次：

①乾隆三十六年（一七七一年） 石碑
②乾隆四十七年（一七八二年） 石碑
③乾隆五十六年（一七九一年） 匾額
④嘉慶六年（一八〇一年） 匾額
⑤道光十一年（一八三一年） 匾額
⑥道光二十八年（一八四八年） 匾額
⑦咸豐元年（一八五一年） 匾額
⑧光緒元年（一八七五年） 匾額
⑨光緒二年（一八七六年） 匾額
⑩光緒十五年（一八八九年） 匾額
⑪光緒二十八年（一九〇二年） 匾額
⑫光緒二十九年（一九〇三年） 匾額
⑬宣統元年（一九〇九年） 匾額

（2）瀋陽北寺：位于小西邊門與小西門之間的窪地上，三面臨街，坐西朝東，略南偏。規模雖小，布置清爽利落，亦較緊湊合理。臨街門屋三間出前廊，前金縫上設大門，入内即爲主要庭院。南北講堂、客廳各五間，正面（西面）爲正殿，兩側并築耳墻，開月洞門，南、北各一。南側月門與水房相通，使院落形成較完整的空間感。水房五間與大殿平行布置，西山并帶耳室一間。 大殿木骨磚墻，三間七架，二棟勾連而成，懸山造。後部窑殿爲正方形的磚砌厚墻構成的聖龕。總共兩層，上層木構， 四角攢尖頂帶平座欄杆，在構圖上明顯感覺出虛實的强烈對比。

吉林長春地區、黑龍江哈爾濱地區伊斯蘭教建築特點與瀋陽地區相类似。

（一二）上海地區

1 松江清真寺

公元十三世紀初，蒙古軍隊西征中亞、西亞，當地信奉伊斯蘭教的各部落被蒙古貴族征服後也被編成了『西域親軍』，隨蒙古軍隊由陸路進駐中原。與此同時，東西方交通也爲之大開，中、外經濟文化交流也相應增加。一二七五年元軍『伯顔渡江分兵三道，董文斌帥左軍出江并海道取江陰，趨澱浦、華亭』。于是在上海地區第一次出現了由外族軍隊駐防，和由蒙古人與色目人執政的權力機構。元至元十四年（一二七七年）升華亭縣爲松江府。二十九年（一二九二年）設上海縣。元末，松江的穆斯林急劇增加，結果在府城西出現了回回墳，并于至正年間（一三四一至一三七〇年）建造了上海地區第一座清真寺松江清真寺。

松江清真寺位于松江縣城外西郊缸甏行。曾被稱爲真教寺、禮拜寺、雲間白鶴寺。寺内主要有元建窑殿和明、清時代的禮拜大殿、南北講堂、邦克門樓和先賢古墓等建築構成。還有内外照壁、明代古井、古樹和四方碑刻等文物。寺四周則有大量的回回墳。松江清真寺是上海地區最早建立的清真寺，也是歷年上海地區最重要的伊斯蘭活動場所，是古代伊斯蘭活動中心。松江清真寺内的先賢古墓相傳是建寺人之墓，此人在元代松江穆斯林中也當屬于重要人物之一。但其中究竟所葬者是誰，却始終無法確定。從綜合各種方志出發，松江清真寺一直被『俗呼回回墳』。而且，從該寺在建造時即與回回墳接壤，以及其址處于城西郊外之地等，也可知元末建寺前，至少在元代中期，其地已是古代上海地區穆斯林的墳塋所在了。伊斯蘭教在明代已于上海地區扎下了根。信仰伊斯蘭教的穆斯林已形成回族，居住于松江及其周圍地區。明初政府對伊斯蘭教采取寬容政策，使穆斯林宗教活動受到保護。伊斯蘭教在明代有所發展，除了反映在清真寺得到修繕外，還表現爲穆斯林人數的增加。元末時爲避兵燹，有相當數量的穆斯林官員、文人、學士、宦家子弟等，携家屬避居于松江及其附近地區。他們的後代在明初都成爲松江地區的穆斯林。明代伊斯蘭教在上海地區的發展狀况還可通過這裏的穆斯林對伊斯蘭教的教義和有關禮儀恪守不渝得到反映。

從明代萬曆年間常州知府馬化龍所撰《青浦真教祠碑記》一文中可以看到，上海地區的回族穆斯林對伊斯蘭教教義、教史、教規的認識還是相當深刻的。從整個明代見于資料記載的修寺情况來看，松江清真寺一處就有永樂初（永樂元年爲一四〇三年）、嘉靖十四年（一五三五年）、萬曆十年（一五八二年）三次修建記録。結合明代伊斯蘭教向松江以外的上海其他地區發展，穆斯林對五功的恪守及遵循與伊斯蘭教規相關的習俗等情况，都可以說明明代伊斯蘭教在上海地區得到了一定程度的發展和傳承。清代上海地區伊斯蘭教在曲折中發展。經過明末的農民大起義、清軍入關，清朝統治階級一方面用兵于全國各地，大肆鎮壓漢族與其他少數民族的反清鬥爭，同時大興文字獄，以摧毀知識分子的抗爭意識；另一方面，也積極致力于恢復農業生産，整頓商業，發展社會經濟；并曾先後在康熙十八年（一六七九年）和乾隆元年（一七三六年）兩次開『博學鴻詞科』，以籠絡社會上層知識分子。應該説，清廷的上述措施收到了穩定政局與繁榮經濟的效果。在這樣的社會歷史背景下，伊斯蘭教在全國範圍内，出現了一個頗爲振興的局面。這一振興活動肇始于明末清初，除表現在西北『門宦』這樣一種新型宗教制度，以及經堂教育的大力提倡之外，更反映在江南興起的漢文譯著活動上，而這對上海地區伊斯蘭教發展的影響更直接。

從十九世紀下半葉開始，上海伊斯蘭教以其自身的活動軌迹，在跨距僅幾十年的上海歷史畫卷上，勾勒出一幅引人注目的振興局面。近代上海伊斯蘭教振興，表現在以下幾個方面：（一）穆斯林宗教活動場所——清真寺的增加，從宗教信仰上加强了定居于上海的回族穆斯林之間的凝聚力。（二）新型的伊斯蘭教育與普通文化教育的倡行，掀開了近代上海回族穆斯林教育的重要一頁。（三）各類宗教性社團組織的紛紛成立，使近代上海伊斯蘭教的社會活動更具聲勢，也有利于伊斯蘭教事務的協調和管理。（四）作爲近代上海伊斯蘭教振興過程中所必然出現的一種社會現象，一批具有一定宗教社會影響的宗教職業人員和熱心于教門的鄉老社首也應運而生。近代上海伊斯蘭教的振興，除了表現在上述幾個方面外，還直接體現在伊斯蘭教社會影響的擴大。近代上海穆斯林群衆，比過去更多地參與和投身到社會的政治、經濟、文化活動中去，并成爲滬上一支令人不可小覷的社會力量。

近代上海伊斯蘭教的清真寺。自從開埠設市以來，西方勢力的影響使上海的政治經濟發生了一系列的深刻變化，與此同時，宗教文化和社會風尚也處在巨大的變革之中。伊斯蘭教作爲一種宗教信仰、意識形態和社會生活方式，通過各地的穆斯林向上海遷移，遂逐漸在上海傳播；而其活動中心在清真寺。現在上海穆斯林人口有五萬多，有回族、維吾爾族、哈薩克族、柯爾克孜族、烏孜別克族等，多數是回族。興建清真寺總共有二十餘座。

2　福佑路清真寺

福佑路清真寺在今南市區老北門福佑路三八七號。是近代上海伊斯蘭教史上由穆斯林創建的第二座清真寺。原名穿心街禮拜堂，後改稱穿心街回教堂，俗稱北寺。始建于一八七〇年，清同治九年，占地面積總計一·七六畝。建寺前，約一八六三年，先是有南京籍穆斯林在硝皮弄沿街租了兩間房屋爲臨時禮拜場所。一八七〇年以『務本堂』（清真寺管理社團）名義，由馬翰章、哈慶堂、金蘭坡等三十一位鄉老爲發起人，共集資二千七百銀洋，在現址購地六分，翻建了穿心街禮拜堂禮拜大殿。完工後聘請大掌教王錦文、二掌教馬巨川、三掌教馬子良。一八九七年擴建二進大殿，由二十二位鄉老集資銀洋四千圓，購地〇·五八畝，二進大殿完工後，聘請大掌教沙瑞楨、二掌教劉維善、三掌教馬子良。一九〇五年擴建三進大殿，由沙雲俊、金東旭、楊竹坪等三十一位鄉老經辦，集資一萬銀圓，購地〇·五八畝。該寺在翻建過程中，二進大殿椽、柱所用龍爪漆爲鄭春廷先生獨助，禮拜大殿領拜樓由許萬清獨助。大殿上的花席和駱駝絨毯，由蔣星階先生獨助。水房所用自來水銅蓮頭均由馬榕軒先生獨助。爲慶典用的副水房一所由金子雲獨修。該寺坐南朝北，臨街大門爲近代上海石庫門建築，飾以雕椽飛檐。一九三六年改建爲鋼筋混凝土結構樓房一幢。樓頂平臺建有望月亭。樓內三層設教長室、會議室、圖書室、辦公室，二層全部爲沐浴室，底層設殯殮室、小淨用的水房、貯藏室，以及會客室等。現在把原有的這幢樓改爲商店和旅館。底層改爲商店，第二層男浴室改爲商店倉庫，把男浴室搬遷到大殿旁邊，第三層是旅館，第四層平臺上造了住房給旅館用。這是因爲維修清真寺需要資金而采取的措施。一九七九年福佑路清真寺經過『文革』破壞後再次重修一新。拱形花格鐵門，上嵌楷書『清真寺』三字，門頭橫嵌古蘭經的經文一節。由大門入內迎面爲內照壁，立『務本堂』石碑一方。穿過內門爲東西長方形的庭院。庭院北側即三層樓房，南側是三進禮拜大殿，爲中國宮殿式木構廳堂式建築，一進爲正殿，殿頂明三暗四，梁椽交錯，棟梁大柱飾以龍爪漆，繪有各種花紋、幾何圖案和鏤空花雕，殿宇周圍爲花格欄玻璃格子窗，殿前排列雕花落地格子門，正西面是窑殿和『米哈拉布』。二殿梁柱懸有經文條幅。三殿置中堂經文條幅，及經文香爐、香案、花瓶等陳設，平日用作穆斯林議事、聚會、齋月誦經、婚喪儀式、經堂教學等。逢節日大典，鋪以地毯，作爲會禮團拜之用。該寺歷來爲上海伊斯蘭教各項事業的活動中心，如上海近代第一所穆斯林小學校——務本小學，和一九〇九年成立的上海清真董事會，均設于此。另如一九一一年成立的上海穆斯林反清武裝鬥爭組織——上海清真商團營部亦設于此。歷時十個多月，爲光復上海、南京等地作出了重要貢獻。我國著名伊斯蘭教學者、大阿訇達浦生曾在該寺主持教務達十年之久（一九二八至一九三七年）。該寺自創建以來，先後有近二十位阿訇任職，爲近代伊斯蘭文化的傳播和發展起了積極作用。

參考文獻

一 楊永昌著《漫談清真寺》，一九八一年八月，寧夏人民出版社

二 焦力·卡德爾和哈力克·達烏提編《維吾爾建築集錦》，一九八四年，新疆喀什維文出版社

三 劉致平主編《中國伊斯蘭教建築》，一九八五年八月，新疆人民出版社

四 中國建築技術發展中心建築技術研究所匯編《新疆維吾爾建築裝飾》，一九八五年九月，新疆人民出版社

五 艾山·阿不都熱依木主編《伊斯蘭教建築藝術》，一九八九年十月，新疆人民出版社

六 邱玉蘭編著《伊斯蘭教建築—穆斯林禮拜清真寺》，一九九二年八月，臺灣光复書局出版

七 邱玉蘭、于振生編著《中國伊斯蘭建築》，一九九二年十月，中國建築工業出版社

八 吳建偉主編《中國清真寺綜覽》及《續編》，一九九五年八月及一九九八年七月，寧夏人民出版社

九 路秉杰譯編《伊斯蘭建築》，一九九七年三月，同濟大學

十 ARCHITECTURE DE L'ISLAM by Henri Stierlin Copyright © by Office du Livre, Fribourg(Suisse)

十一 日本·長田敏廣著《世界の文化史迹（10）イスラムの世界》，一九六九年，講談社出版

圖版

二　廣東廣州懷聖寺院内

三　廣東廣州懷聖寺保存在光塔身上的阿拉伯文光塔塔銘

一　廣東廣州懷聖寺光塔全景（前頁）

四　廣東廣州懷聖寺自拜月樓内望大門、二門庭院

五　廣東廣州懷聖寺大殿正面外觀

六　廣東廣州懷聖寺二門樓

教崇西域

七　福建泉州聖友寺外大門

八　福建泉州聖友寺外大門門樓細部

九　福建泉州聖友寺外大門門樓細部

一〇　福建泉州聖友寺外大門門樓細部

一一　福建泉州聖友寺外大門門樓背側全景

一二　福建泉州聖友寺外大門門樓背側細部

一三　福建泉州聖友寺大殿遺迹内禮拜墻

一四　浙江杭州鳳凰寺進口題額

一五　浙江杭州鳳凰寺後窑殿背側外觀

一六　浙江杭州鳳凰寺大殿正面局部

一七　浙江杭州鳳凰寺大殿進口屏風門及兩側小光塔

一八　浙江杭州鳳凰寺後窑殿内聖龕

一九　浙江杭州鳳凰寺後窑殿南次間菱角牙子磚

二〇　浙江杭州鳳凰寺後窑殿明間穹窿頂内側彩繪

二一　江蘇揚州仙鶴寺大門樓

止敬
敬爾威儀

二三　江蘇揚州仙鶴寺大殿正面

二四　江蘇揚州仙鶴寺大殿内圓券門式分隔（後頁）

二二　江蘇揚州仙鶴寺二門樓

بسم الله الرحمن الرحيم

二六　江蘇揚州仙鶴寺明月亭

二五　江蘇揚州仙鶴寺後殿内聖龕（前頁）

二七　江蘇揚州普哈丁墓園遠望

二八　江蘇揚州普哈丁墓園大門（後頁）

西域先贤普哈丁之墓
江苏省文物保护单位
普哈丁墓
阿拉伯人墓碑
扬州市人民政府立

天方矩矱

二九　江蘇揚州普哈丁墓園二門前大階梯（前頁）

三〇　江蘇揚州普哈丁墓園自小清真寺内望墓園二門樓

三一　江蘇揚州普哈丁墓園小清真寺大殿内之聖龕

三二　江蘇揚州普哈丁墓園普哈丁墓亭

三三　北京牛街禮拜寺進口望月樓

牛街禮拜寺
達天俊路

三五　北京牛街禮拜寺大殿正面捲軒

三四　北京牛街禮拜寺進口望月樓正面

三六　北京牛街禮拜寺大殿側面外觀

三七　北京牛街禮拜寺大殿前捲軒正面外觀

三八　北京牛街禮拜寺邦克樓内景

三九　北京牛街禮拜寺大殿内景（後頁）

四〇　北京牛街禮拜寺大殿後窑殿藻井

四一　北京東四清真寺大殿正面

四二　北京東四清真寺二門樓内側

四三　北京東四清真寺大殿内景正面

四四　北京東四清真寺大殿内檐裝修

四五　北京宣武門外中國伊斯蘭教經學院主樓正面入口

四六　北京中國伊斯蘭教經學院大樓内小清真寺大殿内景

四七　天津清真北大寺禮拜殿外觀

四八　天津清真北大寺大殿前出抱厦外觀

四九　河北定州清真寺

五〇　河北定州清真寺後窑殿外觀

五一　河北泊鎮清真寺邦克樓外觀

五二　河北泊鎮清真寺屏門與邦克樓

五三　河北泊鎮清真寺大殿正面外觀

五四　河北泊鎮清真寺後窑殿外觀

五五　河南鄭州北大清真寺大門樓

五六　河南鄭州北大清真寺内望月樓

五七　河南鄭州北大清真寺大殿前院

五八　河南鄭州北大清真寺二門望月樓

五九　河南鄭州北大清真寺大殿正面

六一　河南鄭州清真小寺窑殿聖龕

六〇　河南鄭州北大清真寺大殿勾連搭局部側面

六二　河南鄭州小樓清真寺正面

六三　河南鄭州清真女寺正面

六四　河南沁陽清真寺後窑殿内側視

六五　河南沁陽清真寺後窑殿中央明間聖龕正面

六六　河南沁陽清真寺大門外觀

六七　山東臨清清真北大寺正門牌樓

六八　山東臨清清真北大寺望月樓正面全景

六九　山東臨清清真北大寺北講堂

七〇　山東臨清清真北大寺大殿正面

七一　山東臨清清真北大寺大殿南側面

七二　山東臨清清真北大寺後窑殿內聖龕

七三　山東臨清清真北大寺後窑殿背立面

七四 山東聊城清真北寺大門樓内望

1992

清真寺
九八一年七月重修
千肆百零壹年斋月
開天立極

七六　山東聊城清真寺後窑殿

七五　山東聊城清真寺自大門樓望大殿

七七　山東濟寧東大寺禮拜殿外觀

七八　山西太原清真寺大殿内後窑殿聖龕

七九　山西太原清真寺大殿内觀

八〇　陕西西安華覺巷清真寺大照壁

八一　陕西西安華覺巷清真寺進口木牌樓

八二　陝西西安華覺巷清真寺庭院内石牌坊

八三　陕西西安華覺巷清真寺北講堂

八四　陕西西安華覺巷清真寺北講堂正立面

八五　遼寧瀋陽清真南寺
大殿內聖龕(前頁)

八六　吉林長春清真寺大殿檐下斗栱

八七　吉林長春清真寺大殿檐下斗栱透視

八八　寧夏永寧納家户清真寺大殿正面

八九　内蒙古呼和浩特清真寺大殿外觀鳥瞰

九〇　四川閬中巴巴寺照壁

九一　四川閬中巴巴寺二門

九二　四川閬中巴巴寺木牌樓

九三　四川閬中巴巴寺大殿

九五　青海湟中洪水泉清真寺大門樓

九四　青海湟中洪水泉清真寺照壁

九六　青海湟中洪水泉清真寺邦克樓

九七　青海湟中洪水泉清真寺邦克樓内部結構仰視

九八　青海湟中洪水泉清真寺大殿正面

九九　青海湟中洪水泉清真寺大殿外檐斗栱

一〇〇　青海湟中洪水泉清真寺前廊袖墙磚雕

一〇一　青海湟中洪水泉清真寺大殿內部結構

一〇二　青海湟中洪水泉清真寺後窑殿內藻井

لا اله الا الله محمد رسول الله

一〇四　青海湟中洪水泉清真寺大殿後窑殿外觀

一〇五　青海湟中洪水泉清真寺之遠望（後頁）

一〇三　青海湟中洪水泉清真寺後窑殿內聖龕

西寧市東關清真大寺

一〇七　青海西寧東關清真大寺內望大殿

一〇六　青海西寧東關清真大寺二門樓（前頁）

一〇八　青海西寧東關清真大寺大殿正面

一〇九　青海西寧東關清真大寺大殿正面透視

一一〇　青海西寧東關清真大寺大殿側面透視

一一一　青海西寧東關清真大寺大殿内部望窑殿

一一二　青海西寧東關清真大寺大殿檐下斗栱

一一三　青海西寧東關清真大寺大殿脊飾

一一四　青海西寧東關清真大寺窑殿内聖龕

一一五　青海西寧東關清真大寺窑殿内檐下斗栱

一一六　青海西寧東關清真大寺大殿捲軒北壁磚刻

一一七　新疆哈密盖斯墓

一一八　新疆阿圖什麥西提納斯爾·本·曼蘇爾墓

一一九　新疆阿圖什麥西提納斯爾·本·曼蘇爾墓背面

一二〇　新疆阿圖什麥西提納斯爾·本·曼蘇爾墓室内光影

一二一　新疆阿圖什麥西提蘇里唐·薩圖克·博格拉汗陵園水池綠化

一二二　新疆阿圖什麥西提清真寺前廣場

一二三　新疆阿圖什麥西提清真寺大門樓

一二四　新疆阿圖什麥西提清真寺内殿聖龕

一二五　新疆阿圖什麥西提清真寺大殿内全景

一二六　新疆阿圖什麥西提清真寺大殿外觀

一二七　新疆喀什艾提尕爾清真寺外觀全景

一二八　新疆喀什艾提尕爾清真寺大門拱

一二九　新疆喀什艾提尕爾清真寺局部小塔

一三〇　新疆喀什艾提尕爾清真寺大殿及庭院綠化

一三一　新疆
喀什艾提尕爾
清真寺外殿聖
龕（門）

一三二　新疆喀什艾提尕爾清真寺内殿聖龕

一三三　新疆喀什艾提尕爾清真寺大殿天花藻井

一三四　新疆喀什艾提尕爾清真寺前廣場

一三六　新疆喀什阿帕克霍加陵墓正門入口

一三五　新疆喀什阿帕克霍加陵墓正面全景（前頁）

一三七　新疆喀什阿帕克霍加陵墓四角小塔根部裝飾

一三八　新疆喀什阿帕克霍加陵墓墓屏、拱門及小塔

一三九　新疆喀什阿帕克霍加陵墓室内靈臺及墓體

一四〇　新疆喀什阿帕克霍加陵園内低禮拜寺進口

一四二　新疆喀什阿帕克霍加陵園綠頂禮拜寺主穹窿內部

一四一　新疆喀什阿帕克霍加陵園內綠頂禮拜寺正面

一四三　新疆喀什阿帕克霍加陵園大禮拜寺側殿連拱

一四四　新疆喀什諾威斯清真寺光塔

阿曼尼沙汗陵墓
AMANNISAHAN'S TOMB

一四六　新疆莎車葉爾羌王陵之一木構平頂靈堂

一四五　新疆莎車葉爾羌王陵阿曼尼沙罕墓

一四七　新疆莎車葉爾羌王陵木構靈堂木欞子

一四八　新疆莎車葉爾羌王陵園清真寺大殿天花藻井

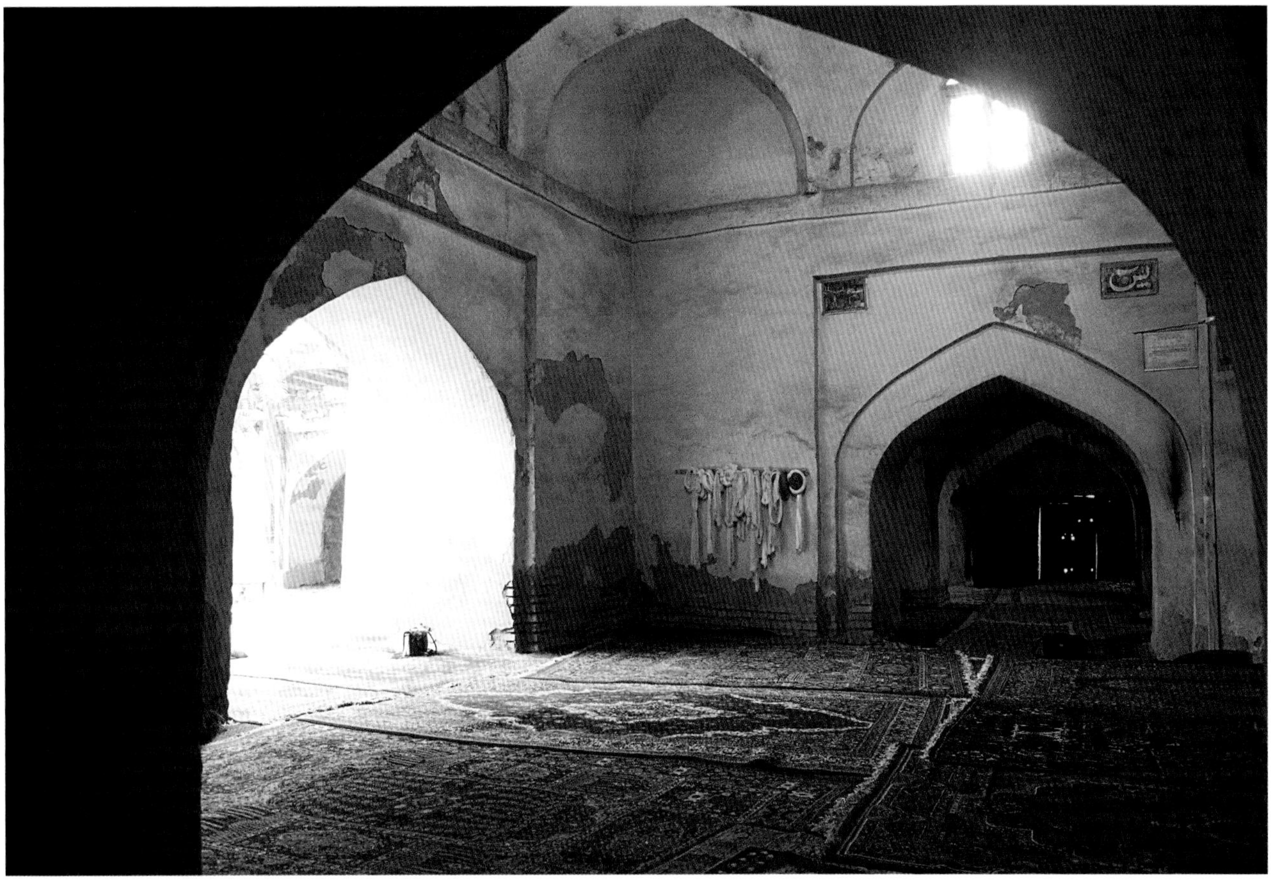

一四九　新疆莎車阿孜那清真寺後窑殿内景

一五〇　新疆莎車阿孜那清真寺南側殿穹窿群

一五二　新疆莎車白依斯·哈克木伯克墓主墓室穹窿內部

一五一　新疆莎車白依斯·哈克木伯克墓後小墓西側

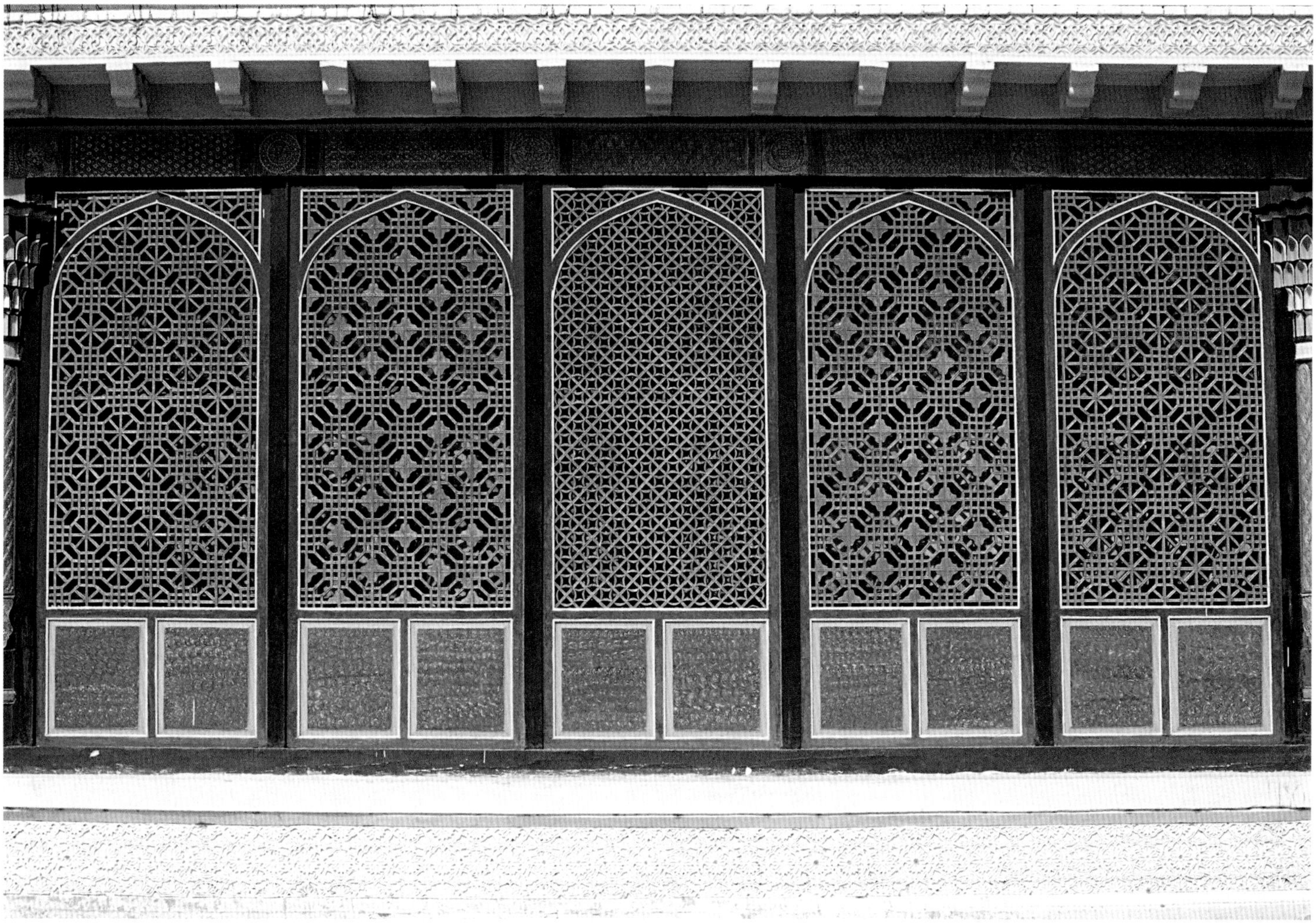

一五四　新疆疏附喀什噶里墓室上的門窗隔扇

一五三　新疆疏附喀什噶里墓園大門樓

一五五　新疆疏附與喀什間途中所見荒廢墓群

一五六　新疆和田河邊小清真寺

一五七　新疆阿克蘇赫拉巴特墓清真寺大門樓

一五八　新疆阿克蘇阿音科麥吾拉納・加瑪力丁・布哈拉墓

一五九　新疆庫車熱斯坦清真寺大門樓

一六〇　新疆庫車大寺門樓内半穹窿

一六一　新疆庫車大寺大殿腰窗木欞子

一六二　新疆庫車大寺大殿外墻處理

一六三　新疆伊寧托乎魯克墓正面全景

一六四　新疆伊寧托乎魯克墓屏風墻上門拱尖細部

一六五　新疆伊寧托乎魯克墓屏風墻上門邊框細部

一六六　新疆吐魯番蘇公塔及清真寺正面（後頁）

一六七　新疆吐魯番蘇公塔清真寺正門樓正面

一六八　新疆吐魯番自清真寺門樓上所望蘇公塔側面(後頁)

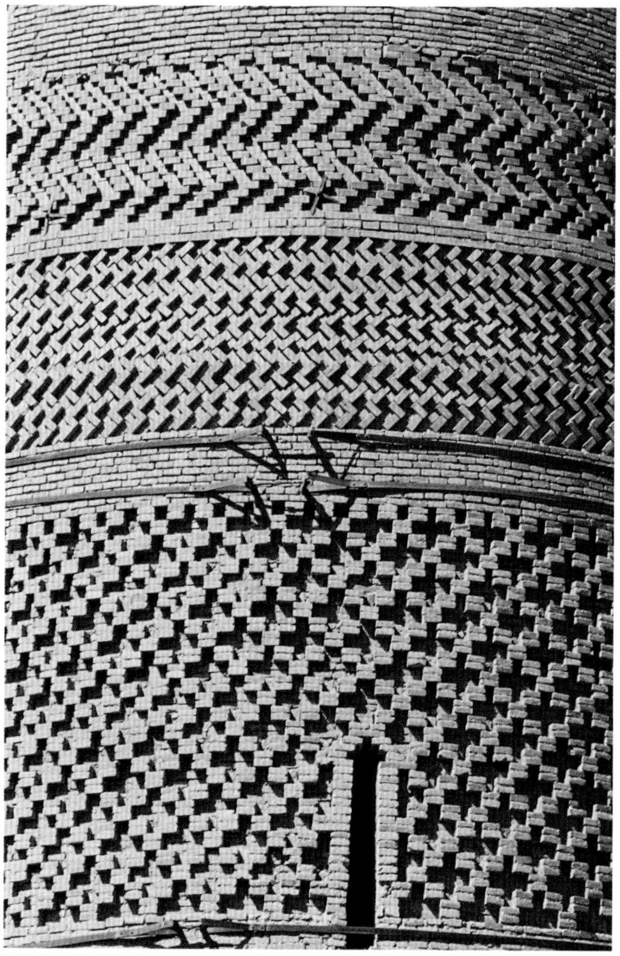

一六九　新疆吐魯番蘇公塔塔身上生土磚砌紋飾細部

一七〇　新疆吐魯番蘇公塔清真寺大殿内

一七一　新疆吐魯番回族清真東大寺大門樓

一七二　新疆哈密伯錫爾王陵正側面透視

一七三　新疆哈密伯錫爾王陵園内墓室穹窿

一七四　新疆哈密王陵陵園内夏麥哈蘇特墓

一七五　新疆哈密王陵園内清真寺邦克樓

一七六　新疆哈密王陵園內清真寺大殿內墻面彩繪

一七七　新疆哈密阿孜那清真寺大殿内聖龕

一七八　新疆哈密新麥德爾斯經文學堂

一七九　新疆哈密托乎魯克墓門樓

قال النبي عليه السلام
96
〇五七

一八〇　新疆哈密伊斯蘭教協會大門樓

一八一　新疆哈密靈明堂牌樓門

一八二　新疆哈密靈明堂牌樓門次間

一八四　新疆烏魯木齊南門清真大寺聖龕

一八三　新疆鄯善城内清真寺大門（前頁）

一八五　新疆烏魯木齊清真南大寺

一八六　新疆烏魯木齊清真南大寺後窑殿

一八七　新疆烏魯木齊清真南大寺大殿轉角斗栱

一八八　新疆烏魯木齊寧固寺小塔樓

一九〇　新疆烏魯木齊固原寺二層大殿内景

一八九　新疆烏魯木齊固原寺大殿正立面（前頁）

青海大寺

一九二　新疆烏魯木齊青海大寺大殿前廊北袖墻磚刻

一九一　新疆烏魯木齊青海大寺新建大門樓（前頁）

一九三　新疆烏魯木齊陝西大寺大殿正面

一九四　新疆烏魯木齊陝西大寺後窑殿外觀

一九五　新疆烏魯木齊陝西大寺後窑殿内聖龕

一九六　新疆米泉古牧地清真大寺正面

一九七　新疆米泉古牧地清真大寺聖龕

一九八　江蘇南京淨覺寺磚構門樓

一九九　江蘇南京淨覺寺大殿内窑殿聖龕

二〇〇　江蘇南京太平路清真寺大殿内聖龕

二〇一　江蘇六合清真寺望月亭

二〇二　江蘇南通清真寺進口

二〇三　江蘇蘇州太平坊清真寺二層大殿

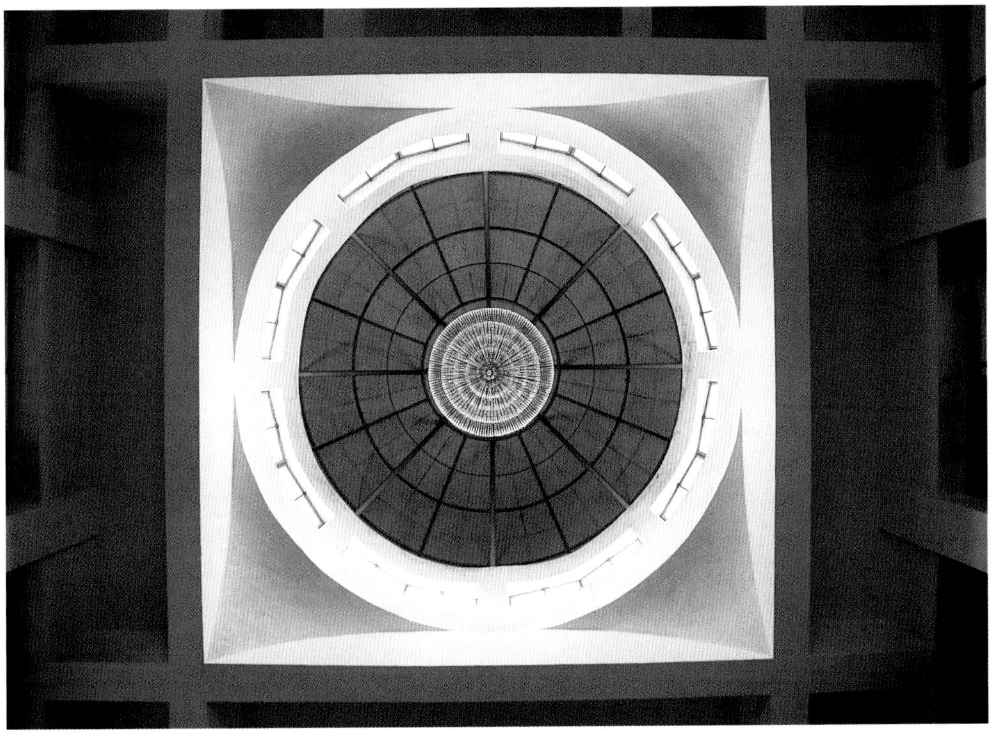

二〇四　江蘇蘇州太平坊清真寺二層大殿穹窿仰視

二〇五　安徽安慶南門外清真寺大殿内窑殿聖龕

二〇六　上海松江清真寺望月樓

二〇七　上海松江清真寺大殿内宣禮臺

二〇八　上海松江清真寺後窑殿屋頂外觀

二〇九　上海福佑路清真寺

圖版説明

一　廣東廣州懷聖寺光塔全景

自院內望拜月樓、迴廊与光塔，其中拜月樓相當于中門，爲近于正方形的中國木構方亭，重檐歇山頂，説明其不平凡的地位。重建于清康熙三十四年（一六九五年），依然古意盎然。

光塔圓形塔身，通高三六·三〇米，分上下兩段構成。下段高二五·四〇米，實爲塔臺，渾圓筆直，略有收分，底面直徑九·四〇米，由南北二門，分別逆時針九轉上下，中爲實砌，上爲平臺，另沿臺周砌圍欄，中央再砌小型圓柱形小塔。空腔式，中置一梯，上砌二層叠澀檐，復砌橄欖形穹窿頂，原有金雞，隨風旋轉。除上下出入口外，遍體無門窗之設，僅在梯邊外側稀稀拉拉地開些小洞，供采光通風用。故其外形極爲奇特怪异，是中土所不見，被認爲是純阿拉伯式，與現存早期伊斯蘭教清真寺中的光塔多所相似。是稱『米那來』，譯名光塔。

關于此塔的存在可以追溯到南宋人岳珂（一一八三至一二三四年），因爲他所記特徵與今存塔相符，其他諸碑刻文獻所載泛指爲李唐，當去事實不遠。（注：此段數據取自龍非了先生論文）

二　廣東廣州懷聖寺院內

本圖像是自大殿前月臺南望所見景象，眼前爲月臺欄杆，其外爲南側及西側迴廊，中央歇山重檐建築今爲拜月樓，相當于古之中門。西南角樹叢中聳立着銀筆似的光塔，此類形制在西亞洲、阿拉伯地區不乏其例，但在中國却爲惟一孤例。雖不能確指爲唐物，從南宋即見諸記載來看，亦相去不遠。

三　廣東廣州懷聖寺保存在光塔身上的阿拉伯文光塔塔銘

四　廣東廣州懷聖寺自拜月樓内望大門、二門庭院

中國建築傳統自古以來即是以南向爲尊，中心軸綫，縱深布局，主要建築物皆布置在中心軸綫上。本圖像爲自拜月樓内圓拱門洞向外回望，庭院深深。

五　廣東廣州懷聖寺大殿正面外觀

大殿爲一九三五年重建鋼筋混凝土結構，但形制未變，仍爲面闊五間、進深五間接近正方形的平面形式，立面取重檐歇山式，作爲寺廟主要殿堂建築等級亦較高。但是這是中國式的建築形式，和伊斯蘭教多柱廳式禮拜殿不同，祇得進行改造。首先將西檐廊柱間砌實，作爲禮拜方向，并設聖龕以爲標志。在形式上仍可保留明間設門的中國傳統，實際上已將主要出入口方向改爲東檐廊，這樣就神不知鬼不覺地將中國建築與伊斯蘭教的禮拜需要巧妙地結合起來。

六　廣東廣州懷聖寺二門樓

中心軸綫明確，縱深布局，典型中國傳統。

七 福建泉州聖友寺外大門

本圖像是聖友寺外大門，位于泉州市塗門街（通淮街）北側。以前曾誤認爲是清淨寺，今據刻石研究應爲艾蘇哈卜清真寺，譯成漢語爲今名。大門與大殿分離，大門朝南沿街，略偏西，用本地産的青石砌築，呈城門樓形式。上砌垛口，下嵌阿拉伯文石刻，意譯爲：真主惟一、真主獨一、真主萬能，真主所愛之教，確爲伊斯蘭教。

八 福建泉州聖友寺外大門門樓細部

大門樓全用石砌，下部用花崗石，上部用輝綠岩石，基闊六六〇厘米，通高一一四〇厘米，應該説是小型簡化了的伊朗式伊斯蘭建築，正立面可視爲接近于一比二縱長方形的屏風墻，兩側省去光塔。門墻正中開設寬三八〇厘米、高一〇一三厘米的桃尖形石拱門，兩側設厚墻與門墩，砌出龕券以爲裝飾，後墻則爲第二道門洞的開始；平面呈横長方形，頂子則是桃尖形的半穹窿，與墻體的圓方過渡部分，用抹角梁，并用八條支肋，分成八瓣，省去了複雜的鐘乳飾。

九 福建泉州聖友寺外大門門樓細部

第二道門券内的列龕式半球形穹窿頂，似是對蜂窩飾（Staractait，亦譯成鐘乳飾）的模仿。

一〇 福建泉州聖友寺外大門門樓細部

第三道門洞內之完整的球形穹窿。其結構形式是用條石平行叠澀砌成，表面用灰泥粉刷，嚴格地說，這是伊斯蘭教文化圈內的通行做法，不具備殼體力學特徵。

一一 福建泉州聖友寺外大門門樓背側全景

穿過門樓進入前庭，石鋪地面；右手是大殿東側石墻，左手是圍墻和敕諭碑石亭。

一二 福建泉州聖友寺外大門門樓背側細部

右手有扶梯可登上屋頂平臺，代替邦克樓作用。雖然使用了桃形尖拱券，看來衹是裝飾，對其結構作用并不放心，故在拱下填塞石條石梁，其下還加了石倚柱與石雀替。在其上的兩條阿拉伯文巨型石刻中記有：

『此地人們的第一座禮拜寺，即是此古老、悠久、吉祥之寺，名稱艾蘇哈卜清真寺，建于四〇〇年（伊斯蘭教曆，公元一〇〇九至一〇一〇年，中國北宋真宗趙恒大中祥符二至三年）。三百年後，愛哈瑪德·本·穆罕默德·賈德斯，即設拉子著名魯克伯哈祇，建築高聳穹頂、拓寬甬道、重修高崇寺門、翻新窗户，于七一〇年（公元一三一〇至一三一一年，中國元武宗海山至大三年）告竣。』

這樣就進一步明確了本寺創建于北宋前期，重修于元代前期，定爲元代建築是可靠的。

一三　福建泉州聖友寺大殿遺迹内禮拜墻

大殿具有十比九的矩形平面，通面闊三〇餘米，進深二七米餘，分成大小不等的五間，進深四間，全部石砌，四周用厚墻承重，内部用木柱或石柱承重。東墻于明間和南次間處開門洞，不對中，向北偏移。北墻僅設一小門，與北側明善堂聯係，南側沿街開八窗，而且較大，窗洞面積占截面的百分之六十四，這都不是伊斯蘭建築的特徵，特别是沿街建築是絶對不許多開窗、開大窗的，這或許是對泉州濕熱氣候之需要所致。西面墻次梢四間全部開大窗，明間另設小方室向西突出，爲麥加方向之標志，這倒是純阿拉伯式的。壁上再設淺淺的凹龕，作爲禮拜的方向。通高二五四厘米、寬一七四厘米，浮雕七行阿拉伯文，漢譯爲『除真主外，無可崇拜，穆罕默德是真主的使者』等共計二七九字，多爲古蘭經上的相關章節。

艾蘇哈卜清真寺的基本構成方式應該説是比較接近阿拉伯半島的純正伊斯蘭建築方式，其中夾雜了對中國福建適應的因素，是非常珍貴的國際文化交流的例証，在二十世紀六十年代初就已被公布爲國家重點文物保護單位。

一四　浙江杭州鳳凰寺進口題額

本寺位于杭州市區舊城内南北幹道中山中路二二七號，坐西向東。舊有五層塔樓式大門，公元一九二九年因拓寬馬路工程被拆除。現在臨街爲店鋪，中央設大門，爲江南常見普通二層民房，粉墻青瓦，門上題額『鳳凰寺』。

一五　浙江杭州鳳凰寺後窑殿背側外觀

後窑殿外觀極簡潔，在簡單的臺基上砌築厚厚的磚墻外加白粉刷白，在東墻上開設圓拱門，中門寬五·五二米，北門寬二·七六米，南門寬二·九米。南北山墻上各開二小圓拱窗，西側則在較高位置上開設小圓拱窗，每間兩孔。于七·八七米標高處砌短短的出檐，上覆青色筒瓦、版瓦蓋面，整個屋頂是四坡頂。三個穹窿頂皆突出于屋面之上，中央穹窿外觀爲八角形，用八角重檐攢尖頂，兩側爲六角形，用單檐六角攢尖頂，使屋面的連接與造型變得極爲複雜，避免了單調感。三個中國式的藍色琉璃攢尖頂的外殼，內部掩藏着三個并列的半球形穹窿，即『外中內西』的形式，從現存上海松江、揚州普哈丁墓等傳爲元代遺構的情況來看，如同出一轍，爲當時通行做法。

一六　浙江杭州鳳凰寺大殿正面局部

公元一九五三年新改建大殿五間，用新式鋼筋混凝土三角形門式剛架，正面設單扇屏風式門廳，向前略突出，中間開一高大的火焰形拱門券，其內設門，兩側各開拱形大窗二孔。

一七　浙江杭州鳳凰寺大殿進口屏風門及兩側小光塔

大殿進口采用中亞洲常用屏風門式的構圖，并于兩側設置圓形小光塔，成左右對稱形式。

一八　浙江杭州鳳凰寺後窑殿内聖龕

保存在中央明間西壁上的聖龕，上面刻滿了經文和對真主的贊詞，當地人又稱經版，也稱天經一函，飾以纏枝花紋，硃漆貼金，是明景泰二年（公元一四五一年）重修之物，是少見的木刻珍品。其構成分基座、函身、函蓋三部分。基座呈須彌座式，并在中央處斷砌，砌成平緩的火焰形小龕。其上以圓形清真言爲飾，實爲函身的核心。三面外環門框式經版，共四層，其中包括相間的纏枝牡丹花飾兩層。函蓋猶如翹檐，實際是木刻花飾。

一九　浙江杭州鳳凰寺後窑殿南次間菱角牙子磚

後窑殿平面呈長方形，正面墻整齊劃一，外包通面闊二八·五五米，分成三間，中央明間最大，半球形穹窿直徑八·二四米，構成八·八米正方形平面的淨空間。而四周的支承墻壁厚度不等，前、後墻厚○·九六四米，兩側墻厚一·二四米。北側穹窿直徑爲六·九米，南側穹窿直徑爲七·三一米，相差○·四一米。南北側室的淨空間也不一致，南側是七·四五米，北側是七·○四米，都是正方形。明間西側設聖龕，東側設開闊的拱券形門洞一座，并以連接體與大殿相連。兩側開較小之門洞，各兩券，四内角于高處始有菱角牙磚砌出墻角，其上再砌一層皮條磚，如此重復叠砌十三層，而每層均砌成圓弧形，至第十四層即可交圈構成一個完整的大圓圈式基座。爲避免單薄感，再砌一層菱角牙磚及皮條磚，其上即砌半球形穹窿頂。利用菱角牙磚尺寸小、易轉動，最下層衹一塊，砌在内角，出一挑，第二層用兩塊，略有彎折，再出一挑，如此隨着高度的增加菱角牙磚塊數也增加，彎曲度也增加，用叠澀環折的方法，巧妙成功地解决了天圓地方、方圓結合的問題，這是磚石結構上的新成就。本圖示後窑殿南次間菱角牙子磚結構。

二○　浙江杭州鳳凰寺後窑殿明間穹窿頂内側彩繪

主穹頂彩繪則較次間複雜得多。中心部分，究爲何物，一時難以辨別。中心部四周似錦團，外圈以四綫勾勒成環，并加暈染，有凹凸感，環外如耀動的光舌，再以單綫勾

圓邊。其外如枋梁，以如意頭紋界分成八段，分別爲枋心和找頭，枋心內畫雙鳳、丹頂鶴、對鵲、雙燕。本來在伊斯蘭裝飾紋樣中是不許用動物紋樣的，但在早期中國伊斯蘭建築中却屢見不鮮，可能與中國傳統文化的影響有關。樣子很是古樸，究屬何時代，不敢驟斷。在找頭部分則滿繪枝葉，其間掩映着花果，殆爲花爲果，還是爲桃爲榴，還難于確認。其外一圈與上述構圖原則相同，但枋心與找頭方位有四十五度的交錯。枋心所繪皆爲風景畫，可資分辨者有山水、鄉村、古寺、橋梁。找頭所繪爲桃榴枝葉與花果。外圈是S形捲雲紋。最外圈分八角方位，由彎捲的雲氣紋組成五角星星形圖案，頂尖又呈發射狀的花紋圖案。

二一　江蘇揚州仙鶴寺大門樓

揚州仙鶴寺背臨汶河路東，面向南門街，門牌一一一號。在四大古寺中應該説是中國化程度最高的一座。建築形式全用中國建築的磚木結構，平面布局則是根據伊斯蘭清真寺的需要，呈規則的自由布置。沒有中心軸綫，也沒有縱深布局，更沒有左右對稱，完全依據功能需要和順序排列建築。

大門樓置于東側垣墻中部偏南，東向，前臨南門街。面闊一間，進深兩間，中柱落地。于中柱縫上安裝雙扇木板門。前後檐下用斗栱，下設栅欄門。顯得莊重質樸。入內自成門院。

雖言古寺，然歷代兵火揚州均未幸免，今日所存以大殿稍早一些，也不過乾、嘉時物，在江、淮一帶能逃過太平天國時期的戰禍亦算大幸了。

二二　江蘇揚州仙鶴寺二門樓

大殿前爲一狹長的前院，三面垣墻，于東墻中央部位設二門樓。門外爲甬道南轉出洞門，可至中部大門樓內小院。垣墻青磚漿砌，較高，墻上立柱、架梁、出樓設門，兩側設垂蓮短柱，正面做成月梁形額枋，頗具地方特色。額題：止敬。

二三　江蘇揚州仙鶴寺大殿正面

大殿位于基地的北半部，面闊五間，明間特寬，進深六間，面積達六一二平方米以上，占用地面積的一小半，自成院落；平面上由三部分并列構成，即軒廊、前殿、後殿。最前面是開敞的捲棚，内用四架、平梁，屋面下垂，南山墻上開小門以與南院溝通。裏柱縫上設隔扇門，分界内外。大殿方整，東西略長，外觀爲單檐硬山式，捲軒與正殿覆蓋在一個大屋頂之下，後殿則另建獨立兩面坡，接以天溝。後殿明間的西墻上設置向内的聖龕；在總體上大殿也獨踞一區，以花墻圍成規整扁長的院落，爲了强調軸綫，設置垂蓮式二門樓。

二四　江蘇揚州仙鶴寺大殿内圓券門式分隔

正殿入内，爲江南地區常見之三間五架、前後金柱落地的形式。于後檐部步架南山墻上復開小門，以與南院直接聯係；裏側砌券門五間五門，明間懸匾額，成半分隔狀態，其内爲後殿。

二五　江蘇揚州仙鶴寺後殿内聖龕

五券門後爲後殿，是未加分隔的大通間，兩側山墻上開低矮廣闊的隔扇窗，增加後殿内采光。西側後墻正面中央處設聖龕，以爲禮拜之方向，并在中央間起正方形小樓閣，單檐歇山式，于内另加二柱，顯示出與衆不同的地位。

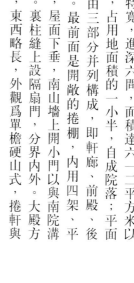

二六　江蘇揚州仙鶴寺明月亭

大殿南側山墻外的處理上也多有趣。在本來是單調的山墻外，另構半亭式的明月亭，即望月亭，其西側舊有小講堂，現爲三間小廳。對面是三間大講堂即誠信堂，以山墻與水房隔之，構成獨立院落。前置牡丹臺，兩側聯以廊子，高低錯落，旁有老銀杏一株，老枝虬幹，頗可入畫，帶有園林情趣。整個寺院也顯得極幽雅清淨，超凡脱俗，與仙鶴寺之名相稱。

二七　江蘇揚州普哈丁墓園遠望

位于揚州舊城東關解放橋南大運河東岸高崗上，本圖是自大運河西岸遠望普哈丁墓園全景。崗下中央低矮臨岸者爲主要進口，其南側有突起白墻者爲小清真寺；其北側爲民居；崗上林木叢中花墻所圍者爲普哈丁墓園。

二八　江蘇揚州普哈丁墓園大門

崗下臨岸之墓園進口。額書『西域先賢普哈丁之墓』，下署『乾隆丙辰重建』（公元一七三六年），青瓦灰磚不另外起樓的石拱墻門。

二九　江蘇揚州普哈丁墓園二門前大階梯

大階梯二十餘級，兩側石欄各五間，內浮雕獅子滾綉球、鯉魚跳龍門、犀牛望月、三羊（陽）開泰等漢族傳統花紋。盡端爲墓園二門，方形亭式，拱門翹檐，額書『天方矩矱』。

三〇　江蘇揚州普哈丁墓園自小清真寺內望墓園二門樓

自崗下小清真寺大殿前仰觀二門樓。

三一　江蘇揚州普哈丁墓園小清真寺大殿內之聖龕

小清真寺大殿內之聖龕，簡單樸素，明亮雅潔。

三二　江蘇揚州普哈丁墓園普哈丁墓亭

普哈丁墓園以中央小庭院分成北南兩園，普哈丁墓在北園。墓呈三・八乘三・八米的方形，四壁磚砌刷白，并設半圓拱門，內砌成半球形穹窿頂，典型天圓地方式，外甍以青瓦，通體呈四方攢尖亭式，高約三・五米。南拱門東側嵌石碑一塊，鐫刻『西域得道先賢補好丁之墓』，兩側各刻仙桃五隻以爲飾，下題『雍正四年九月立』（公元一七二六年）。補好丁即普哈丁，墓築于墓亭中央地下，地面上壘有五級矩形青石墓塔。通高〇・八八米，基座二・一六乘〇・八八米，頂層一・五六乘〇・二四米，各層逐層收進。每層塔石表面均刻有纏枝牡丹、如意花紋，第三層還刻有阿拉伯陽文古蘭經章節。

三三　北京牛街禮拜寺進口望月樓

位于宣武門外牛街中段，街西側設長達三十餘米的大照壁；東側先置三間四柱懸山式三樓的小牌樓一座，額書『達天峻路』以爲標志。

三四　北京牛街禮拜寺進口望月樓正面

牌樓門內爲六角兩層黃琉璃甍頂的望月樓，額書『敕賜禮拜寺』。

據『北京牛街岡上禮拜寺志』載：『正統七年（公元一四四二年），增修對廳，爲講經集會之需。明成化十年（公元一四七四年）指揮詹升（瞻思丁之後人），請賜名號，奉敕賜名禮拜寺。清朝康熙年間（公元一六六二至一七二二年）重修一次。寺門望月樓周環作六角形，下方甃磚關二門洞，可供人出入，上方周闢門窗，繚以走廊，頂覆以黃色琉璃瓦。楣間懸「敕賜禮拜寺」額。』此樓備登高望月之需，故稱望月樓。

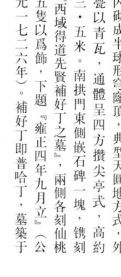

三五　北京牛街禮拜寺大殿正面捲軒

大殿闊五間，分三部分。前爲捲軒，面闊僅三間，深亦三間，帶前廊一間，實爲內外進出過渡空間。中爲正殿，面闊五間，進深達七間，是縱深型殿堂。在結構上可視爲兩座五架梁的結合體，分成前殿和後殿。殿後向西凸出處，爲後窑殿，該處高起穹窿，結頂若亭，名曰藻井。

三六　北京牛街禮拜寺大殿側面外觀

大殿的主體部分共有三個屋頂起坡，形成高低差，用此設置天窗，故雖然進深特大采光通風仍很充足流暢。屋頂間連以天溝，形成勾連搭的屋頂形式。兩山面屋頂斜坡亦起小屋頂是爲保護大屋頂天溝流暢所設，是本殿特殊之處。

三七　北京牛街禮拜寺大殿前捲軒正面外觀

伊斯蘭教與其他宗教不同，進入大殿禮拜時須淨身脱鞋。尤其是炎暑酷寒風雨天氣，更衣脱鞋處所是絶對必需的。對體弱年老者更是需要，還常常在這裏設置坐凳。此捲軒前廊檐柱，似爲擎檐柱，與內部結構無必要聯係，構造亦屬單純。

三八　北京牛街禮拜寺邦克樓内景

『邦克』可意譯作召喚、宣禮，是清真寺内宣禮員向周圍教坊内信衆宣告禮拜時刻的一種較高建築，多做成高樓形式。本樓位于全寺中心位置，規模不大，做法規矩，爲正方形平面，面闊進深皆三間，帶腰檐平座的單檐歇山式小樓閣。下層甃以磚壁，南北闢圓拱洞門。用斗栱、琉璃、彩畫。

三九　北京牛街禮拜寺大殿内景

此圖像爲大殿後半部分，後金縫上柱間火焰形木龕，飾滿阿拉伯文字花紋和纏枝牡丹花紋。後檐明間向西突出，另成窑殿，其餘柱間以磚砌墻封閉，内粉以白。殿左隅設宣教臺，或云閔拜，爲聚禮日教長宣諭之處。

四○　北京牛街禮拜寺大殿後窑殿藻井

殿後向西凸出處，爲朝向殿，率拜人位也。該處高起穹窿，結頂若亭。據工程師鑒定云：確係宋代建築物，名曰藻井。此建築法，今已不存，認爲古物也。

正壁木刻經文阿拉伯文，其書法爲庫法體，此係阿拉伯古體文字的一種。殿後兩窗，均係雕空，阿文組成。……門楣處均用阿文組成之，形成聖龕。龕上另置屋頂形門罩，勾頭滴水、檐枋斗栱，悉數仿真做出，使得聖龕部分愈顯突出華麗；頂上再另利用抹角梁及斜梁結頂若亭，并用金綠彩繪，益發古意盎然。

四一　北京東四清真寺大殿正面

位于東四西、南兩大街的轉角處，爲北京四大官許清真寺之二，寺門東向。由明代後軍都督府都督同知陳友（穆斯林）于正統十二年（公元一四四七年）獨資創建，景泰元年（一四五〇年）敕題『清真寺』。成化二十二年（一四八七年）增建宣禮樓。當初本寺規模較牛街禮拜寺爲大，民國年間拆除較甚，今存者已遠不及牛街。惟後院大殿尚是明時舊物。後院較前院寬闊，正面是大殿，南、北兩側各建講堂七間。于殿前出捲軒，闊三間，深一間，單檐捲棚式，開朗空曠。

四二　北京東四清真寺二門樓內側

進大門內前院，中爲甬道，北爲水房，南爲寺舍及辦公，正面爲分隔花墻及垂花式二門子。本圖所示爲二門子內側，單間懸山式小門樓。正面後檐下設四扇屏門。兩側爲平頂修廊，與南北講堂相屬。

四三　北京東四清真寺大殿內景正面

大殿入內寬五間，深五間，單檐廡殿頂，後連闊三間的連接體，復接後窑殿，外觀爲漢式單檐歇山式磚構建築，實際上是三座『天圓地方』式磚構穹窿的并列。面向大殿開設碩大的圓拱券，窑殿內空無一物。

四四　北京東四清真寺大殿内檐裝修

大殿内全爲露明結構，彩繪豐富華麗，且莊嚴肅穆。本圖所示爲大殿後檐明間内檐裝修彩繪。

四五　北京宣武門外中國伊斯蘭教經學院主樓正面入口

位于宣武門外南横西街一〇三號，亦爲中國伊斯蘭教協會所在地。局部五層，采用五個穹窿頂集中式構圖形式，正面設置貫穿三層的尖頭平拱券，具有鮮明的伊斯蘭教藝術造型風格。

四六　北京中國伊斯蘭教經學院大樓内小清真寺大殿内景

位于主樓大廳西側，本圖所示爲大殿内部，裝飾極少，除必要的禮拜朝向、窑殿聖龕和宣諭臺外，全爲白粉墻，簡單利落，莊嚴肅穆。

四七　天津清真北大寺禮拜殿外觀

天津清真北大寺大殿位于中心軸綫的主位上，坐西面東，面闊五間，中央明次三間向前出單檐捲棚抱厦，作爲進入大殿禮拜前的先奏和補充。大殿進深六間，由兩座廡殿頂勾連而成，另在兩側附加外廊，通體如同重檐結構，顯得格外壯觀。另外由于抱厦檐口與大殿同高，立面開間益顯高聳，故特加强檐下横向處理，使得開間比例仍保持正常比例。

四八　天津清真北大寺大殿前出抱厦外觀

灰瓦紅柱，清一色的硃紅門窗隔扇，藍綠相間的彩畫，大殿基臺上又設置一週漢白玉石欄杆，更顯得莊嚴肅穆和平添幾分華麗。

四九　河北定州清真寺

位在定州城西關路北。大門早已不復存在，直接對外是二門子，剩一進院落，但主要大殿完整如故。本圖所示爲大殿正面院落、月臺及捲棚抱厦，還可見到大殿廡殿式屋頂，正吻高聳。抱厦面闊一間，進深四架，開間扁平，似是宋元比例。正殿三間八架，四柱落地，用斗栱及用雄渾的廡殿頂。後窑殿突出，以磚砌拱券與窑殿連接。窑殿沿用西域慣用『天圓地方』舊法，磚砌壁體

與磚砌穹窿之間竟使用斗栱，這是他處所未見。據殿前元至正三年（公元一三四三年）碑刻，知此時已『回回之人遍天下』，並重建此寺。創建不知始于何時。明正德十六年重修，規模完整。

五〇　河北定州清真寺後窑殿外觀

後窑殿內部依舊，而外觀重新改造過了，全部重新包砌，而且擴建成二層。底層依然是『天圓地方』式的磚砌穹窿并在外觀覆以四坡屋頂，而于其上，加建八角形小樓一層，木架磚墻，八角攢尖瓦屋頂。四斜面上開十二邊形小窗。窑殿內部轉角竟用中國式斗栱解決天圓地方的過渡問題，這是目前所見之孤證。

五一　河北泊鎮清真寺邦克樓外觀

泊鎮位于京杭運河沿岸，經濟繁榮，人民富庶，清真寺規模也大。在長達一百餘米的基地上，大殿與前院各占一半。前院又以邦克樓爲中心，成爲面闊進深皆三間的正方形二層樓閣，且上承重檐攢尖頂，下帶腰檐、平座。

五二　河北泊鎮清真寺屏門與邦克樓

大殿前爲月臺，供室外禮拜用，因此用磚砌花欄分界，在中央處置屏門，以控制對大殿內部的直接視綫；兩端處配南北講堂，整個院落開闊空曠。

五三　河北泊鎮清真寺大殿正面外觀

中央高起者爲月臺前花欄墻中之屏門，單間單檐懸山式，其後是面闊五間單檐捲棚頂的抱厦，再後是單檐歇山式殿身二座，進深達六間。後殿原是三間面闊，後來兩側各擴一間，并另加腰檐一層，形如重檐，豐富了造型。

五四　河北泊鎮清真寺後窑殿外觀

後窑殿是在中心軸綫上加建出來的。是面闊進深皆三間的磚砌正方形樓閣。一反常態之處，將磚砌穹窿改換成六角形木構樓閣，而且一通到頂，比例匀稱，氣勢雄偉。

五五　河南鄭州北大清真寺大門樓

位于管城回民區北大清真寺一二八號。東向，面闊三間，進深兩間，單檐歇山頂，用斗栱琉璃；内部中柱落地，明次三間關門，板門上加用門釘『七行六路』，大有凜然不可侵犯之勢。兩側并建小角門，單間懸山式，以便日常出入，傳統進出形式爲北進南出。

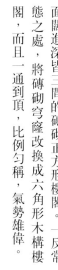

五六　河南鄭州北大清真寺内望月樓

望月樓位于大門内東西中軸綫上。二層僅爲單間小樓，單檐歇山頂，用斗栱、琉璃、彩繪，四周柱間設隔扇窗，正面懸額『望月樓』。一層帶迴廊。

五七　河南鄭州北大清真寺大殿前院

大門内爲扁長形前院，正面爲兼做望月樓的二門樓，兩側砌花墻及腰門樓，南北厢房各三間，院内置石碑多通。

五八　河南鄭州北大清真寺二門望月樓

望月樓方形平面，面闊進深皆三間，底層明間設板門兩扇，帶門釘，前後出廊，有腰檐，無平座；實際上成了分界前後院的二門樓。

五九　河南鄭州北大清真寺大殿正面

位于望月樓之西，院内松柏綠化較多，顯得擁擠雜亂，難見正面大殿之全貌。大殿爲縱深型等邊矩形，面闊五間。最前面的過渡空間也是五間，顯得空闊開朗。

六〇　河南鄭州北大清真寺大殿勾連搭局部側面

大殿是縱深型等邊矩形，前部是前廊，中部是正殿，後部是窑殿，屋頂全部用起坡式硬山頂。本圖像所示爲大殿中前部側面，高起小樓爲望月樓。帶如意懸魚的硬山山花爲北講堂。

六一　河南鄭州清真小寺窑殿聖龕

鄭州小清真寺的後窑殿，雖然簡單，但從宗教信仰的角度來看也很齊全，（一）突出于大殿之外，表示禮拜方向；（二）自成一室，表現了其與衆不同的獨立性；（三）用圓拱門、圓形圖案表示神聖的清真言（亦稱太絲米）；（四）匾額聯對，完全是中心軸綫、左右對稱式構圖，很合傳統觀念；（五）神秘而不昏暗。

六二　河南鄭州小樓清真寺正面

位于鄭州鬧市小樓地區，規模不大，造型簡潔，仍是中心軸綫、左右對稱，中央桃尖形穹窿做得很精緻，四角做懸挑式小尖塔。

六三　河南鄭州清真女寺正面

位于鄭州鬧市區，專爲女信徒禮拜使用，獨立建造立寺。規模不大，造型簡單雅潔，但仍有明顯的伊斯蘭教建築特徵。

六四　河南沁陽清真寺後窑殿内側視

沁陽是河南省回民較多地區之一，最大、最古老的是北清真寺，有明確記載的是『經始于嘉靖四十年』（公元一五六一年），經明清歷代修建，遂成今狀。是縱深布局特深之特例。深與闊之比幾近于七比四以上。從大門、拜殿、抱厦、前殿、後殿、窑殿，全部面闊三間，進深却達二十餘間。最特殊之三間後窑殿全爲磚構穹窿，尤以中央明間者『特起霄漢』，外莞歇山十字脊，蓋黄琉璃瓦件，很是輝煌壯麗。本圖像所示爲後窑殿内觀側視聖龕與宣禮臺。

六五　河南沁陽清真寺後窑殿中央明間聖龕正面

此磚構後窑殿建于明末崇禎辛未年（公元一六三一年），重修于光緒十三年（公元一八八七年），全部用磚砌縱横交錯的拱券結構，在中央進口前特别增加門柱式結構，這也是此殿的特异之處。

六六　河南沁陽清真寺大門外觀

大門重修于清嘉慶四年（公元一七二六年），面闊三間，進深兩間，中柱落地式的標準大門，單檐歇山頂，起翹較一般北方建築明顯增大。左右各加袖墻和八字墻，全部磚砌，用孔雀藍琉璃，雕刻精緻華麗。

六七　山東臨清清真北大寺正門牌樓

臨清是京杭大運河進入山東境内的第一座商業城市。原是大清河與運河的交匯處，因此聚集着以經商爲主的穆斯林。臨清在中國雖少見經傳，但其清真寺却規模宏偉，歷史悠久，是典型漢式清真寺。作爲標志首先于進口處設置了三間四柱廡殿式三樓柱不出頭的木構牌樓。柱間安栅欄門。兩側砌圍墻，設二角門，爲單間硬山式小樓。皆遵循北進南出的舊制。

六八　山東臨清清真北大寺望月樓正面全景

望月樓位于牌樓門內，兼有二門樓的作用，巧妙地將二者結合起來成爲一幢極其宏偉壯麗的兩層建築。下層是三間四柱牌樓門形式，二層爲面闊三間的單檐歇山式小樓閣。

六九　山東臨清清真北大寺北講堂

造型獨特的北講堂。面闊五間，硬山式，在立面上另加明次三間的懸山捲棚式抱厦，左右兩梢間用灰磚砌築，并另加重檐，下設圓形花窗，此種造型高低錯落，别致獨特。

七〇　山東臨清清真北大寺大殿正面

大殿平面是不等邊的縱長矩形，前面是面闊三間的過渡空間捲棚抱厦。其內側即大殿進口。大殿面闊五間，進深四間，中柱落地，單檐廡殿式。後接木構窑殿三間，另加外圍廊。

七一　山東臨清清真北大寺大殿南側面

爲了側面采光，在中柱前一間内設側向隔扇門，在後檐步間内設方窗。同時在門外另加木構門樓，二柱單間懸山式，窗上另加窗罩，打破了側立面上的單調感，也是比較少見的。窑殿側面的外圍廊及突出變化的尖屋頂，愈發使側立面豐富多彩。

七二　山東臨清清真北大寺後窑殿内聖龕

後窑殿三間，次間内砌成墻壁，繪方圓岔角式清真言圖案，明間則構造成華麗的三間四柱廡殿三樓牌樓式聖龕，中央做成門的形狀，這和『龕』的原意爲通向天堂之門相近。

七三　山東臨清清真北大寺後窑殿背立面

後窑殿次間起方樓，四角單檐攢尖頂；明間起八角樓，檐口較高，八角單檐攢尖頂，使兩者檐牙呈交錯狀態。加上後窑殿固有之屋頂、照壁之屋頂，形成極爲豐富的層叠構圖。

七四　山東聊城清真北寺大門樓內望

聊城為明清時東昌府治所在，元稱東昌路，位于京杭大運河西岸，自元就有『挽漕運之襟喉、挾天都之肘腋』的稱呼。在津浦鐵路興盛之前，此處無疑是魯西商業經濟、文化的中心。這裏也聚集着許多穆斯林，至今還有兩座清真寺留存下來。本圖所示爲北寺，位于聊城東關，靠近城墻，大殿已毀于炮火，只剩大門樓、二門樓、及南北講堂尚屬完整。

七五　山東聊城清真寺自大門樓望大殿

此處清真寺規模雖小，構造完整。大門樓已毀，改建成民居式單間囤頂門樓，惟大殿仍是清式模樣。前出抱廈，後帶大殿及窑殿。

七六　山東聊城清真寺後窑殿

單間向後突出，青磚漿砌，兩側設采光窗，中央設圓拱形凹龕，內部粉白，所有墻面都是清水磚砌墻面，未加任何粉飾，質樸到了極點。

七七　山東濟寧東大寺禮拜殿外觀

濟寧是運河流入南陽湖的水陸碼頭，也是著名的商業城市，故回民衆多，清真寺多達八九處。而以東、西兩大寺最負盛名。順河東大寺創始年月已不可知，遷至今址是明成化年間，康熙、乾隆年間均大肆重建和擴建，現存建築也多是此時期遺物。尤其大殿規模雄壯，高大巍峨，前出五間抱厦，後帶七間前後殿，進深達六間，共同覆蓋在一個七間十五檩的碩大歇山頂下，另加窑殿三間，望月樓六角三層，後門樓竟用蟠龍石柱，其他雕刻、琉璃、彩畫，美不勝收，是中國木構伊斯蘭教建築罕有之例。

七八　山西太原清真寺大殿内後窑殿聖龕

後窑殿内的聖龕也完全是木結構，呈單間單檐斗栱出六跳的門樓形式，做工極精。

七九　山西太原清真寺大殿内觀

位于大南門街（今稱解放南路）東側，由于大殿深入坊内，無形中將進口路綫拉長，由西向東進，大殿不言而喻須坐西向東布置，于是就形成了『珍珠倒捲簾』的形勢。清真寺大殿本身是非常規矩、嚴格、緊凑的四合院，面闊五間，進深三間，帶前廊。内部全用木裝修。在大殿後金柱分位另置木質拱券五間圍成後窑殿。

八〇　陝西西安華覺巷清真寺大照壁

北轅門位于華覺巷二號，此為大門前的隔路照壁，是漢式建築組群中常用之物，成爲該建築群具體存在的標志；與進口、轅門等圍合成所需空間，并創造出所需空間氣氛。這裏使用了青磚漿砌磨磚對縫的精緻施工，斗栱枋額垂蓮挂落，全部準確仿木結構，長達一八・五米，七開間，下具須彌座，上覆歇山頂，規模宏大，氣勢雄偉，説明本清真寺與衆不同的氣勢。

八一　陝西西安華覺巷清真寺進口木牌樓

與大照壁相對西側是高大雄偉的木構牌樓，三間歇山三樓四柱柱不出頭；樓檐深遠，斗栱層叠達六跳之多，再加上前後左右四面八方的拋撑支柱，使該牌樓更顯得古樸雄偉，與衆不同。

八二　陝西西安華覺巷清真寺庭院内石牌坊

本寺是典型的中心軸綫、縱深布置、左右對稱、秩序井然的布局。一系列的重要建築均布置在中心軸綫上。本圖中的石坊就是前庭的中心建築。三間三樓四柱柱不出頭，全部渾石結構。平臺低矮，繞以石欄，更增華麗。

八三 陝西西安華覺巷清真寺北講堂

本堂位于以省心樓爲中心的中庭北側，規模不大，形制特殊。就全體看，面闊五間，中央主體部分明次三間，爲一大通間；明間安門，次間安窗，帶前廊，硬山式甍頂；前廊南北兩端闢圓拱門洞，洞外并置半面歇山垂蓮門罩，與兩側單間小室前相通，其亦爲硬山頂，形成一凹凸曲折形平面。最爲特殊者乃將前廊明間屋面斷開，于其上另構單檐歇山頂，形成豐富奇特的屋頂形式。

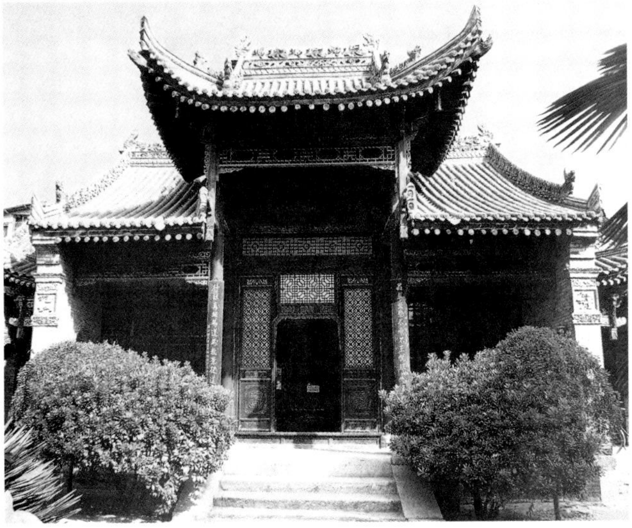

八四 陝西西安華覺巷清真寺北講堂正立面

本圖所示爲北講堂正立面構圖，顯示出其極端不平凡的精緻風格。

八五 遼寧瀋陽清真南寺大殿内聖龕

本寺創立于清朝初年，爲東北地區最古伊斯蘭教清真寺院，位于瀋陽舊城之小西邊門内路南。規模不大，僅前後兩進院落。首進爲大門、二門、兩廂；二進即是南北講堂各三間，正面大殿，由三間抱厦，五間前殿和後殿，用勾連搭形式屋頂。前爲歇山式，後爲硬山式，前後殿界分處木構半圓拱券，窑殿爲磚砌木構三層六角塔形，底層置聖龕。後殿及窑殿外繞迴廊。

八六　吉林長春清真寺大殿檐下斗栱

伊斯蘭教的傳播與發展明顯反映出它與路上和海上絲綢之路的密切關係。吉林地處關外，伊斯蘭教傳入較遲，但却反映了濃厚的地方色彩和民族風格。長春清真寺即著名之例。龐大的規模，粗壯的大紅木柱，藍綠相間的彩畫，奇异的斗栱雀替，都顯示了滿、漢族建築特徵與伊斯蘭教的結合。

八七　吉林長春清真寺大殿檐下斗栱透視

大殿面闊五間，前出廊五間，斗栱碩大，造型奇异，排列極端疏朗，平身科僅用一攢，彩畫艷麗，内容豐富，除阿拉伯文字、幾何紋樣外，尚有山水花卉。

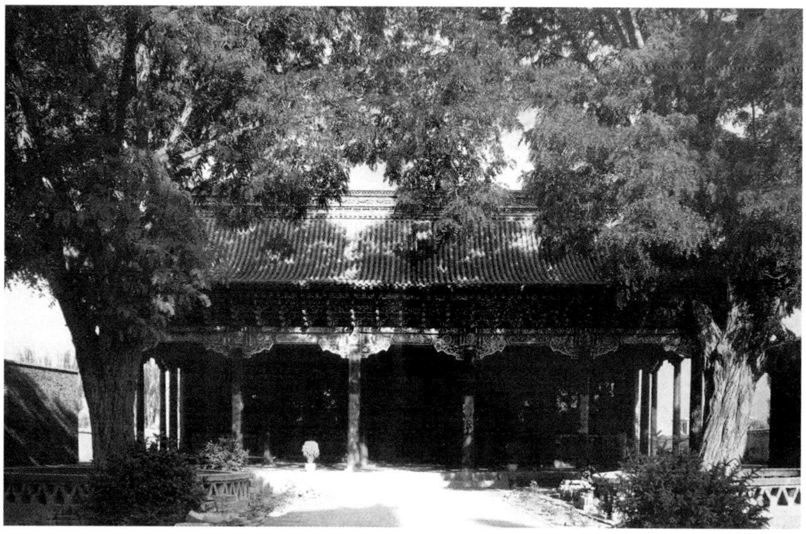

八八　寧夏永寧納家户清真寺大殿正面

此地是回民較早的聚居區之一，本寺創建于明代嘉靖三年（公元一五二四年），占地十二畝餘。現存大殿及新建邦克樓、望月樓等，尤以大殿最爲宏偉氣派。

八九　內蒙古呼和浩特清真寺大殿外觀鳥瞰

呼和浩特歷來是內蒙和新疆交易的地方，自明末清初就有了清真寺。至今已有七座之多。位于舊城北門外者最大、最古。現存建築爲民國十二年（公元一九二三年）重建。基地坐東朝西，正好和伊斯蘭教的禮拜朝向相反，祇能是『珍珠倒捲簾』形式。正大門朝西，進門即是大殿後背，人流路綫按南進北出，須從大殿側面繞過去纔能達于大殿的正面。大殿依然是縱深型，面闊五間，由四座勾連搭組成。第一座爲前殿，上起兩座六角形亭子結構，分列左右；第二座爲中殿，其上結構八角形亭子一座；第三座爲後殿，則于中央處起建較高大的八角形亭子結構，形成豐富華麗的空間造型。另外此大殿吸取了屏風式立面新手法；望月樓的形式也很富有新意。

九〇　四川閬中巴巴寺照壁

四川閬中屬川東北山地，嘉陵江上游，山川秀美，風景雅麗。巴巴寺由墓祠、禮拜殿和住區三部分組成。清初，傳爲穆罕默德第二十九世孫華哲阿卜董那希來華傳教，康熙二十八年卒後葬此。其弟子祁靜一等爲他建造了規模龐大的墓祠。隨後又在其側建立了禮拜寺，即巴巴寺，巴巴原意爲簡化的阿拉伯語『祖先』之意。以及阿訇等教職人員住地，休憩的小園，形成林中有寺、寺中有園的寺廟園林的意趣。圖示磚砌照壁，立于墓祠二門進口中心軸綫上，是極精美的磚刻藝術品。

九一　四川閬中巴巴寺二門

位于墓園的中心軸綫上，外對照壁，內對木牌樓，祁靜一特意將西北特技磚雕帶入閬中。

九二　四川閬中巴巴寺木牌樓

位于墓園二門之内，三間四柱，廡殿式三樓，柱不出頭，兩側砌以磚墻，中間安以通透的栅欄門，用以界分墓祠内外前後。此木構牌樓的最引人注目之處是躍躍欲飛的三座樓頂，由于使用了如意斗栱，組成斜向網格將屋頂挑出六跳，雖然斗栱未必宏大，出檐深遠確是不爭的事實，創造出豪放之勢。

九三　四川閬中巴巴寺大殿

禮拜寺大殿建于墓祠一側，面闊三間，進深三間，重檐攢尖式，呈盔形頂。斗栱宏大，出檐深遠，舉折平緩而舒展。

九四　青海湟中洪水泉清真寺照壁

寺在村中東西走向道路北側，大門向南，隔路置照壁，寺之標志。此照壁造型極精美，通體扁長横卧，比例勾稱，分成基座、墻身、墻頂三部，基座花版兩層，似爲重臺，充斥花紋。墻身兩端立磚墩以爲倚柱，下設雕刻精美的須彌座，中夾一框，内鑲嵌着六方連續的錦緞式幾何紋樣，極其雅致。上置磚刻仿木結構的斗栱枋椽以及勾頭滴水等瓦飾屋頂。

九五　青海湟中洪水泉清真寺大門樓

大門樓南向，面闊三間，進深三間，前金柱分位安門三間，前出廊，后帶廳，大門樓極其雄偉。

九六　青海湟中洪水泉清真寺邦克樓

邦克樓與二門樓結合，轉而東向，共三層。一層爲帶迴廊的磚砌木構二門樓，兩側并帶掖門。平面略呈矩形，闊三間，深兩間，帶腰檐，上出六角形樓閣，平邊前後，尖角兩側，二層環繞腰檐平座，三層收進，設華麗的櫺子窗，上置六角盝形攢尖頂。

九七　青海湟中洪水泉清真寺邦克樓内部結構仰視

邦克樓内室各層樓板均開六角空井，上下貫通，渾成一體。

九八　青海湟中洪水泉清真寺大殿正面

二門內大殿前爲寬闊庭院，備衆多信徒聚禮使用。大殿位于通院高臺之上，面闊五間，進深六間，另帶正方形後窑殿三間。三向磚墻封閉，惟東向開敞。共同覆蓋在一個大歇山頂之下。因此屋頂顯得特别高大陡峻。廊兩端八字墻，呈斜向布置，如兩臂伸展增加了建築與人的親近感。

九九　青海湟中洪水泉清真寺大殿外檐斗栱

木結構原理雖同但造型上却有許多奇异之處，都反映了各地區、各民族、各宗教的交流、融合和影響。如木柱頂上加元寶形替木，其上再置大小額枋，明顯是藏式做法。檐下斗栱雖屬漢式，如此衆多的斜置并列角栱又是漢式建築中所罕見。檐椽的密鋪幾無空隙，這也是中原地區所無，可能是西北地區習慣做法。

一〇〇　青海湟中洪水泉清真寺前廊袖墻磚雕

處于内外過渡空間，在選材上也反映了這種過渡性。適應于户外風雨的青磚，雕刻成室内使用的四扇屏。内容、形式、題材和技法又都是結合伊斯蘭教習慣從漢式藝術中汲取來的。

一〇一　青海湟中洪水泉清真寺大殿內部結構

大殿內部結構純屬漢式小式大木，明次間縫上中間用七架梁；兩山縫上另加中柱；前後金柱、檐柱間各用雙步。

一〇二　青海湟中洪水泉清真寺後窑殿內藻井

後窑殿殿內全用木板鑲包，做成層層叠叠的斗栱平座欄杆，稱之爲天宮樓閣，在中央懸吊一個特製的八角三層三十二肋的華蓋式藻井，這是他處所不見的藝術精品。

一〇三　青海湟中洪水泉清真寺後窑殿內聖龕

窑殿四壁設置一周木製須彌座，其上至平座欄杆之下，依六抹頭木質隔扇式樣分隔成八扇隔扇，中央設聖龕。懸匾額，左側安放宣諭臺。整個室內裝修全是木材本色，一點不加油漆彩繪，表現了伊斯蘭教特有的清真、淨潔之美。

一〇四　青海湟中洪水泉清真寺大殿後窑殿外觀

後窑殿突出于大殿之後，爲打破磚砌厚墻笨重厚實封閉之感，窑殿三面另加外廊環繞，利用廊下木質構件形成玲瓏剔透的建築效果。迴廊屋頂與大殿檐口取平，并連接成一個整體。中央部分向上升起，每面分成三間，將短粗的檐柱間用彎弧形透空花板和青磚砌墻封閉起來，上覆華麗的歇山十字脊屋頂，無論從何種方向觀來都十分賞心悅目。

一〇五　青海湟中洪水泉清真寺之遠望

湟中位于西寧西南不足三十公里，由于地處深山，亦不易達到。四周崗巒迴環，樹木滋生茂密，不似乾枯的西北風土。在綠蔭叢中一群低平的黄土民居簇擁著巍峨的邦克樓，確如鶴立鷄群一般。

一〇六　青海西寧東關清真大寺二門樓

自元明以後青海即爲回民聚居之地。民國十七年（公元一九二八年）青海建省，西寧爲省會城市。舊有清真寺六、七座，以東門外清真寺最古、最大、最完整。創建于明初洪武年間，但今存建築以大殿較古，也祇不過是清末時期建築。一九四九年進行了較大程度地擴建。首先填平殿東窪地，修建成大庭院和南北厢樓。并將大門延續到東北方向直接面向東關大街。本圖所示二門樓的中央拱券門，實際上是西洋式門樓，六座正方形門墩，構成五座拱券，以中央券最大。兩端内側各建六角形塔樓，平臺三層，上建六角形木構方亭，傳統木結構形式，以起到邦克樓作用。

一〇七　青海西寧東關清真大寺内望大殿

擴建後的庭院寬闊，南北講堂，面闊九間、二層。大殿面闊七間，進深分三部分，即過渡性前廊、正殿及後窑殿，分别覆蓋在三座屋頂之下。第一座是歇山捲棚頂，第二座是巨大歇山頂，兩者平行布置，第三座是廡殿頂，與歇山頂相互垂直，是爲窑殿。面積達七九六平方米。是目前所知之最大者。

一〇八　青海西寧東關清真大寺大殿正面

正面面闊七間，通面闊二六・三二米，聳立在高臺之上。柱間設鐵花栅欄拱門五間。柱上置額枋斗栱，上承單檐捲棚頂。

一〇九　青海西寧東關清真大寺大殿正面透視

此圖爲自南端望北端所見之大殿正面檐下結構。粗壯的木柱間連以大小額枋，柱頂復置碩大的平板枋。枋上安放斗栱。總共出三跳，即所謂的七踩斗栱。第三跳上即承托挑檐桁，桁上布檐椽，圓形斷面，椽頭裝小連檐，其上安飛檐椽，方形斷面。椽端釘大連檐、瓦口木，即可安置滴水、勾頭。其斗栱向横向發展，在盡間柱頭科和角科連成一體，其余衹設簡單出跳的平身科一攢，這種特异斗栱在青海地區很流行，可能是一種地方做法。

一一〇 青海西寧東關清真大寺大殿側面透視

側面用厚實的磚墻環繞，僅露出平板枋上木結構部分，斗栱也恢復了正常做法，可以清楚看出捲棚進深兩間。平身科用兩攢。捲棚歇山與正殿歇山連成一體，可見并列的兩座不同的山花。正殿每間進深較小，用平身科一攢，共計六間。雖然斗栱不見宏大，出檐深遠而舒展，令人震驚。

一一一 青海西寧東關清真大寺大殿内部望窑殿

大殿内部正面望窑殿部分。圖示兩立柱是明間後金柱，與後檐柱間用單步梁、雙步梁各一層，其下擱在柱頭科斗栱上。可是檐柱却因窑殿開間需要向外側平移了。柱頭科也似乎成了平身科。明間真正的平身科衹有三攢。次間則恢復到正常位置。窑殿明間大于四攢檔，而次間小于二攢檔，形式上面寬也呈三間。

一一二 青海西寧東關清真大寺大殿檐下斗栱

圖示柱頭科斗栱細部。柱頭科一攢，極其龐大，除却正出的栱翹之外，在每一跳上有許多并列的斜置角栱，第一跳是八隻，每側四隻；第二跳是十二隻，每側六隻；第三跳十四隻，每側七隻。

一一三　青海西寧東關清真大寺大殿脊飾

乍看起來，屋脊瓦飾的外輪廓綫與一般常用的通行瓦件無明顯差别。一般突出于山尖之上是尾巴倒捲的魚龍形鴟尾，今觀西寧大殿上之物與之相似，細觀其内容則魚龍非動物，而是由植物花朵莖葉等陶質瓦件構成的魚龍輪廓。正脊則更是衆多的植物花朵莖葉陶質瓦件構成，垂脊亦如此，看來這些都是汲取漢式建築的結果。

一一四　青海西寧東關清真大寺窑殿内聖龕

窑殿内全用木板裝修，四壁分劃成間，間内再依六抹頭隔扇的形式劃分成三扇、四扇，櫺芯部分不是五分之三，而是近半。西側明間中央處設半圓拱形聖龕，上懸半圓形書寫清真言的匾額。

一一五　青海西寧東關清真大寺窑殿内檐下斗栱

窑殿内所見檐下斗栱與外檐斗栱似而不同。最下層爲大斗，除斗倚偏高，斗耳嫌低外，其餘與標準做法均無二致。上部則大不相同。前後出跳不明顯，全部緊貼在一起，第一、二層如同一斗三升，小升子則是兩兩重叠；第三、四層則如同一斗五升；第五、六層，則如同一斗七升；每二層横栱兩側各

出一層斜角栱。好像所有縱向栱都是平行并列的，不像外檐斗栱那樣都是呈放射形的。

一一六　青海西寧東關清真大寺大殿捲軒北壁磚刻

磚刻是西北地區回族工匠的傳統絕活，西域建築就是以磚結構爲主而發展起來的。此圖所示爲捲軒北壁磚雕。整個劃分是多扇屏風，而且中屏較寬。內容全爲花卉植物。

一一七　新疆哈密蓋斯墓

蓋斯墓是來自阿拉伯麥地那之伊斯蘭教傳教士蓋依斯安沙日熱孜也胡安胡之墓。是哈密各族穆斯林共同朝拜之重要聖墓之一。

相傳唐貞觀年間（公元六二七至六四九年），伊斯蘭教先知穆罕默德派蓋斯（蓋思）、吾外斯（吾艾斯）、萬嘎斯（罕戈士，括弧內爲馬進良傳出『回回來源』抄本譯名）三人至中國傳教，在傳教途中，蓋斯病隕在哈泥星星峽。伊斯蘭教徒爲其在當地修建了墳墓進行朝拜。

一九三九年，原位于星星峽之蓋斯墓被拆毀，哈密伊斯蘭教徒遂進行集資募捐，于一九四五年三月將蓋斯墓自星星峽遷入哈密并修建了這座四方形圓頂綠琉璃的聖墓。

據近人陳垣先生考證貞觀當爲永徽（公元六五〇至六五五年）之誤，三人有兩人病死在中途，可見當時行旅之艱，最後衹有萬嘎斯（後譯斡葛斯、宛葛素等）一人到達長安，又被唐皇委派到廣州傳教，該墓與廣州今存阿布宛葛素墓同爲中國伊斯蘭教最早勝迹，彌足珍貴。

一一八 新疆阿圖什麥西提納斯爾·本·曼蘇爾墓

納斯爾·本·曼蘇爾是第一位來喀什噶爾傳播伊斯蘭教的先哲。他本是信仰伊斯蘭教的薩曼王朝的大王子，因其弟發動宮廷政變奪取王位（公元八九三年）而被迫出逃至喀喇汗國。喀喇汗王奧古爾恰克出于政治需要款待了他（公元九〇六年），賜予他阿圖什城的統治權，准許他建築清真寺和傳播伊斯蘭教。在兩人的頻繁交往中又增加了奧古爾恰克的侄子蘇里唐·蘇（薩）吐克·博格拉罕。他們在納斯爾·本·曼蘇爾的導引下先後皈依了伊斯蘭教。公元九一五年蘇里唐·蘇（薩）吐克·博格拉罕登上汗位，正式推廣伊斯蘭教信仰。後來不但從薩曼王朝奪回怛羅斯城，還占領了長可汗的巴拉沙袞城（公元九四二至九四三年），成了長幼兩大汗國的君主。于是納斯爾·本·曼蘇爾就成了首先在維吾爾族中傳播伊斯蘭教的賢哲。蘇里唐·蘇吐克·博格拉罕死後（公元九五五至九五六年）在阿圖什爲他建造了陵墓，在其西北側也爲納斯爾·本·曼蘇爾修建了陵墓，以資紀念，它是新疆出現的第一座受到崇拜的伊斯蘭教聖墓。此圖爲墓堂。平面爲正方形，面闊、進深皆三間；三面設門，一面設窗，四角置小圓塔。爲了突出正面，于北側中央設單間屏風墻門，與原有拱門結合成一體，而略向前突出，并于兩端砌小圓塔各一座。此小圓塔較四角圓塔略高。屏風門正面，砌高大門拱，將原有拱門方窗及墓匾套起來，外加方框，框上橫向分隔爲三格，于格內隱砌小拱門爲飾，其上置常見箭頭形琉璃瓦飾一周。中央置大穹窿，是完全集中式平面構圖。所有外表面全部貼滿藍花白地琉璃磚，顯得清純典雅而且有些高貴華麗，是新建陵堂中的不凡不俗的優秀作品。

一一九 新疆阿圖什麥西提納斯爾·本·曼蘇爾墓背面

此圖爲墓堂的背立面，是傳統形式。表面貼以白地藍花的琉璃磚，局部粉白，顯得清純典雅而且有些高貴華麗。

一二〇　新疆阿圖什麥西提納斯爾·本·曼蘇爾墓室內光影

圖示墓室內花格窗光影的巧妙應用，造成一種特殊的神秘感。

一二一　新疆阿圖什麥西提蘇里唐·薩圖克·博格拉汗陵園水池綠化

園內舊有水池，清泉彌漫，明亮清澈，四周林木茂密，反映了綠洲星散分布的環境特徵，可改變人們對西北乾旱荒蕪的一部分印象。

一二二　新疆阿圖什麥西提清真寺前廣場

由于阿圖什在伊斯蘭教傳播新疆過程中所處的特殊地位，使它成了宗教名地。因爲當初東喀喇汗王奥古爾恰克曾將阿圖什的統治權交給了薩曼王子納斯爾·本·曼蘇爾，第一個來新疆傳播伊斯蘭教的人，在這裏修建了新疆有史以來第一座清真寺，後來又修建了薩圖克·曼蘇爾等聖墓。在宗教上愈發形成不可取代的地位。在拉失德統治期間蘇非派長老穆罕默德·謝里甫曾去阿圖什朝拜薩圖克・布格拉汗墓，并在那裏隱修七年。近年在阿圖什麥西提新建了規模宏大、極其雄偉壯麗的清真寺，號稱全疆無雙。此圖所示即爲該清真寺大門樓及寺門前廣場。

一二三　新疆阿圖什麥西提清真寺大門樓

門拱高聳，塔樓林立，在藍天白雲的映襯下，顯得至高無上。

一二四　新疆阿圖什麥西提清真寺內殿聖龕

此聖龕亦為新鮮、清爽、純淨、淡雅，不失爲繼承傳統技法的優秀作品。

一二五　新疆阿圖什麥西提清真寺大殿內全景

此殿采用全封閉，完全是仿木結構的形式。包括柱、梁結構的開間布局、形狀大小、紋樣雕刻、油漆彩繪，天花墻面，內部式樣一如既往，門窗裝修十分精采。

一二六　新疆阿圖什麥西提清真寺大殿外觀

一二七　新疆喀什艾提尕爾清真寺外觀全景

喀什全稱喀什噶爾，天然優越的自然環境使之成爲『絲路明珠』，是新疆最先崇奉伊斯蘭教的地區。目前僅喀什市内就有大小清真寺三五一座，其中加曼（大）清真寺二十七座，阿孜那清真寺五十八座，重點保護清真寺二十四座。

艾孜尕爾清真寺位于喀什市中心廣場西側，坐西朝東，是新疆規模最大、最宏偉、最壯觀古老的清真寺。原爲貴族墓地，公元一四四二年（明正統七年）開始建造小清真寺。公元一五五七年進行第一次擴建，後屢有擴建，公元一八三七年擴建後改今名。

此圖示大門樓及圍墻部分，位于基地東側，不居中，偏于東南一隅，全爲磚結構。門樓可分外表屏風門及内裏門廳與穹窿兩大部分。屏風門墻寬八・八米，高九・八米，厚二・二米，中央桃尖形門拱寬達多半，兩側門墩約占五分之一。頂部設約略突出的檐部，飾以桃拱式垂花，下部墻面全部隱砌門架式框格，每格内隱砌桃尖小拱龕以爲裝飾。門深二米餘，即爲圍墻分位，開方形木門框，安碩大木板門。其内即爲龐大穹窿籠罩的大門廳。門廳外側呈正方形，内側呈八角形，每面隱砌飾拱，正面拱洞窗框，人向兩側拱門分流。北側圍墻極短，且平素無華，即與圓形光塔相接。南側稍長，圍墻分兩間，隱砌框格與桃尖飾拱，南端與圓形光塔連接。

一二八　新疆喀什艾提尕爾清真寺大門拱

桃尖形大門拱寬五・三米，高近七米。并粉出拱框。實爲四心拱。

一二九　新疆喀什艾提尕爾清真寺局部小塔

此寺兩座小光塔造型極爲優美可愛，圓形平面，有明顯捲刹，有接近人體的比例尺度。塔身寬高比爲一比四和一比五，頂上圓形小亭占五分之一和六分之一，裝飾花紋全用磚砌或拼接；塔身分成寬狹不等的環形飾帶，凹凸不大，基本上是平面式的表現。

一三〇　新疆喀什艾提尕爾清真寺大殿及庭院綠化

此殿形制極爲特殊，面闊長達三十八間，這是他處所未見之孤例。進深四間。聖龕設于中央偏南之間，考慮到冬季保暖需要將近聖龕的闊十間、深三間圍護起來構成內殿，并在兩側及正面墻上開門窗。正對聖龕稍南偏出門廊，闊四間，深兩間。全部木構、平頂，平梁密肋草泥屋頂。用天花，局部有似藻井者爲飾。庭院內樹木茂密，濃蔭匝地。

一三一　新疆喀什艾提尕爾清真寺外殿聖龕（門）

在内殿墻壁外側，全用石膏花飾。以淡雅的藍白色調爲主，花紋細膩精緻，不突出、不浮誇，非常深沉而穩定，美而不媚，實在是伊斯蘭教建築裝飾中的精品。

一三二　新疆喀什艾提尕爾清真寺内殿聖龕

由于内殿全用厚墻環繞，門窗少而且小，故内部光綫昏暗，内殿聖龕用純白石膏花飾不加色，是合適的，僅利用方框拱龕些微的深淺相套，形成複雜變化，避免單調，而華麗的色彩變化全表現在宣諭臺上了。

一三三　新疆喀什艾提尕爾清真寺大殿天花藻井

此寺内外殿全用天花罩頂。四壁彩畫，地鋪綉花絨毯，故而天花也成了裝飾的重點區域。利用寬深方向梁枋形成的分間框格，再利用木欞子細分成井字框格，更于其内設置各種不同幾何紋，有方塊，有圓弧，有卍字，在其上覆以板、繪以色。

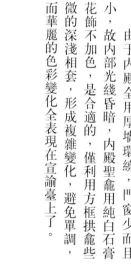

一三四　新疆喀什艾提尕爾清真寺前廣場

艾孜尕爾清真寺幾乎成了絲路明珠——喀什的象徵，偌大寺院其前舊有集散性的廣場，在此基礎上擴展成今日所見城市中心廣場，有水池、綠化和標志性塔式鐘樓。

一三五　新疆喀什阿帕克霍加陵墓正面全景

阿帕克霍加陵墓位于喀什東北郊五公里處的浩罕村，現占地三〇畝。阿帕克霍加（和卓）是白山派始祖伊禪卡浪朗之孫、穆罕默德·玉素甫之子，生于回曆一〇三五年（公元一六二五至一六二六年）。公元一六三五年阿不都拉汗襲位，他爲了鞏固剛建立起來的政權需要利用白山派和卓的宗教勢力抵消黑山派和卓過分强大的影響，歡迎穆罕默德·玉素甫父子回到喀什噶爾。阿不都拉汗直到公元一六六八年（清康熙七年）纔把權力移交給尭樂巴斯汗。在這期間阿帕克霍加利用其聖裔的有利身份于公元一六四〇年（明崇禎十三年）爲埋葬其父穆罕默德·玉素甫而修建了陵墓。清康熙十八年（一六七九年），阿帕克霍加憑藉噶爾丹·策零的軍事幫助奪得葉爾羌汗國政權，他既恢復了白山派宗教領袖的地位，又成了伊斯蘭教聖裔貴族建立的封建政權的領主，實際上是準噶爾汗的附庸。因此他又藉爲其父修建陵墓之名而大肆擴建，在西北處修建了一座教經堂，在正西處修建了禮拜寺；在西南邊修建了大門和低禮拜寺。清乾隆間準噶爾汗囚其曾孫瑪罕木于伊犁。清乾隆二〇年（一七五五年）清中央政府平定準噶爾部，占領伊犁，白山派人質領袖和卓波羅尼都被放歸南疆，他們借用外族兵力殘酷鎮壓黑山派，這裏成了白山派和卓墓地，建築之豪華爲新疆伊斯蘭教古建築之冠。波羅尼都之弟霍集占，煽動其兄叛亂，史稱大小和卓之亂。清乾隆二五年（一七六〇年）清庭統一新疆南部，盡有新疆。其後乾隆皇帝曾降旨維修阿帕克霍加陵。十九世紀七十年代阿古柏對阿帕克陵墓進行第二次修理，擴建大禮拜寺，重建小禮拜寺。此後阿帕克霍加陵墓雖屢經修葺，但基本規模與造型未有大的變動。

此圖所示爲阿帕克陵墓東立面。平面爲正方形，集中式平面，面闊三六米餘，進深二九米，通高二七米；四角置圓塔，中央置一六米的大穹窿，頂高二六·五米。其下置鼓座，鼓座也是球面形的，徑長達二一米餘。四向再置弧形拱，如此解決方圓過渡，在新疆各種伊斯蘭教建築中可以説是技法最爲高超的結構。爲了突出正立面另加屏風墻，居中設大拱門券，兩側設小圓塔，全以琉璃貼面。兩側外墻上隱砌拱券以爲飾。

一三六　新疆喀什阿帕克霍加陵墓正門入口

正面屏風墻寬一一米餘，兩側爲實墻，中央開不等六邊形凹龕，以爲進出之口，內邊設木板門，周圍用灰色大理石護墻，上置門額、明窗。最上爲桃尖形拱券穹窿。整個屏風墻全以藍綠琉璃磚貼面，局部襯以黃色。

一三七　新疆喀什阿帕克霍加陵墓四角小塔根部裝飾

此塔純爲裝飾，圓形實心，有梯級通上。通體捲刹明顯，琉璃方磚貼面，依據不同顏色的深淺濃淡，形成飾環，清新雅麗。

一三八　新疆喀什阿帕克霍加陵墓墓屏、拱門及小塔

此圖示正面屏風墻上半部。桃尖拱券、三角嵌壁、隱砌磚框格、琉璃嵌壁、琉璃磚砌外框格，花磚墻檐及圓頂琉璃小塔樓。

一三九　新疆喀什阿帕克霍加陵墓室内靈臺及墓體

墓室内置靈臺，上砌墓體，約略等人大小，斷面皆成桃形，磚砌，灰泥粉面或貼面磚。用絲織蓋布遮掩起來。大小五十七具，其中包括阿帕克霍加及其父阿吉·穆罕默德·玉素甫等歷代家族。乾隆帝香妃墓體亦在其列。

一四〇　新疆喀什阿帕克霍加陵園内低禮拜寺進口

這也是阿帕克霍加陵園古建築群體之一。介于高禮拜寺與教經堂之間。磚構平頂，居中設置磚構穹窿。門口出于高禮拜寺之南側，于外轉角設置圓塔一座。其旁即爲宏偉壯觀的高禮拜寺。

一四一　新疆喀什阿帕克霍加陵園内綠頂禮拜寺正面

位于阿帕克霍加墓室西北處。主體建築正方形平面，上架圓形穹窿，磚結構。因外表貼以綠色琉璃面磚而得名。正殿南側另加木構平頂外殿，西北兩側封閉，東南兩側開敞。

一四二　新疆喀什阿帕克霍加陵園綠頂禮拜寺主穹窿内部

這是陵園内早期建築之一。處處充滿古意。主穹窿的層層結構法真實地反映了磚構穹窿的結構原理。第一層爲内接四邊形，四壁峭立，四面設四拱券；第二層爲同等的内接八邊形，每邊置一拱券；第三層爲内接十六邊形，每邊亦置一拱券；第四層爲内接三十二邊形，每邊亦置一拱券。第五層即是同等大小的内切圓式穹窿，直徑一一・六米，頂高十六米。隨着層數的增加，邊數的成倍遞增，每邊長度减少，而高度與之相應也減小。

一四三　新疆喀什阿帕克霍加陵園大禮拜寺側殿連拱

在阿帕克陵墓正西側百餘米處建有大禮拜寺，呈三面圍合的Ⅱ字型，皆分内外殿兩部分。外殿用平頂木構，内殿則用土坯磚結構。分成方形單間四向設拱，中置穹窿，并使之與抹角拱券相交，遂呈交叉狀的星花形。圖示北側殿連拱狀穹窿。

一四四　新疆喀什諾威斯清真寺光塔

這是一座充分利用地形很成功的小型清真寺，内外殿均不規則，跨在一條小街上，呈過街樓形式。建單獨光塔一座，磚結構，與一般塔不同處，具有明顯而確定的分層。下層方形，中央闢門，即爲寺門。二層八角形，帶平座欄杆。三層六角形，亭式，每面設拱門和平座。四層圓形，清水磚砌，帶平座，五層爲維吾爾族樂見之圓形小塔樓。頂置新月。

一四五　新疆莎車葉爾羌王陵阿曼尼沙罕墓

葉爾羌汗國（公元一五一四至一六八〇年）是建立在以葉爾羌（後改稱莎車）爲中心的察合臺後王政權。葉爾羌汗國王陵，是爲紀念葉爾羌汗國的創立者蘇里唐・賽德汗王于公元一五三三年（明嘉靖十二年）建造的。這裏還葬有第二代、第三代、第四代、第五代汗王與他們的家屬子孫。因位于新城與老城之間的阿勒同德爾瓦兹以北，故又稱阿勒同魯克麻扎，意爲尊貴者的墓地。原爲汗室墓地，後因該國長期盛行黑山派，始祖伊斯哈克和卓也埋葬在這裏，因此成爲黑山派最著名的和卓墓地。占地五千平方米，分三部分，東邊是水池，西邊是清真寺，中間是墓地。南邊另有阿曼尼沙罕陵園，于阿勒同陵園門前偏東處。

圖示阿曼尼沙罕紀念陵。阿曼尼沙罕爲第二代汗王阿不都・拉失德汗的妃子，十五世紀維吾爾族女詩人，全稱阿曼尼沙罕・霍加伊薩克・維里，生于一五二六年，十三歲入宮，擅長詩和音樂，收集和整理了維吾爾族古典音樂，編輯了著名的《十二木卡姆》，這是馳名中外的維吾爾族樂舞藝術的稀世珍寶，公元一五六〇年三十四歲時，死于難産。圖示建築物就是體現了墓主的這種精神，崇高、美麗、才氣橫溢。總體占地一千零五十平方米，陵堂通高二十二米，下爲高二米，長寬均爲十米的正方形，靈堂本身也是正方形平面，五開間，迴廊周匝，石結構，深出檐，二層亦作出門窗和出檐，頂爲瓜楞形穹窿頂，其上另加美麗的小塔樓。通體玲瓏剔透，精緻美麗，與一般的磚石結構維吾爾建築形象不同，明顯感到有石結構仿木結構的印度伊斯蘭教建築影響。

一四六　新疆莎車葉爾羌王陵之一木構平頂靈堂

圖示靈堂規模不大，等于單間小堂，平頂木構。

一四七　新疆莎車葉爾羌王陵木構靈堂木欞子

兩側花窗，中央闢拱門，全用規則的幾何紋樣，玲瓏剔透，精緻華麗，做工精細，用料考究，反映了葉爾羌王國時期的優良傳統。

一四八　新疆莎車葉爾羌王陵園清真寺大殿天花藻井

陵園內清真寺大殿是平屋頂、木結構、磚砌墻，殿分內外，坐西朝東，天花頂多種多樣，此是其中一種。四側用梁枋，然後用抹角梁，層層相套，空格處，覆以蓋板，繪以彩畫。色彩深沉雅麗。

一四九　新疆莎車阿孜那清真寺後窑殿內景

位于莎車縣老城城裏，建于東察合臺汗國末期米爾兹·阿巴拜克爾汗時期（公元一四七〇至一五一四年），他是控制東察合臺汗國强權人物忽歹達之孫、次子米爾兹·桑尼司之子，一四八〇年登上汗位。這是該地區保存完好最古建築群之一。圖示西壁中央設面闊進深皆三間的大穹窿，直徑七·九米，高十二米。以爲安置聖龕的地方。

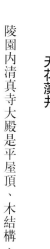

一五〇　新疆莎車阿孜那清真寺南側殿穹窿群

面闊九間，進深十間，全爲土坯磚結構，每間設置一個直徑二・六米，高五・五米的土坯穹窿，兩間穹窿組成一個單元，分成內外殿。四周以厚厚的土壁圍繞成略深長的正方形。圖示南側殿小穹窿群。

東壁中央建門樓和門廳，并列小穹窿五個，再加上大穹窿兩側小穹窿，共計五十餘個穹窿組成寺院。中央是庭院，正側三面設木構平頂圍廊，院內有水井、老樹，形成肅穆寧靜的宗教氣氛。由于建築結構合理，堅實牢固，自建築以來從未修理過，一直保存着初建面貌。

一五一　新疆莎車白依斯・哈克木伯克墓後小墓西側

圖示小墓位于白依斯・哈克木伯克大墓之東，呈八角形磚臺體，其上起半圓球形穹窿，極小巧精緻可愛。

一五二　新疆莎車白依斯・哈克木伯克墓主墓室穹窿內部

白依斯・哈克木伯克生于庫車，十九世紀初被任命爲白依斯大人，四十五歲去世。其墓是由其子穆罕默德胡達伯克『從莎車和喀什找來工匠修建的』竣工于一八八二年。墓體平面呈正方形，通闊七・八米，壁厚一・四五米。正面朝西，墓體橫置，則亡人頭北足南側卧，枕右手可面西，西爲麥加方向。四角設小塔，塔身細長如柱，純粹成了裝飾。正面中央加細長的屏風墻以示區別，頂上置帶肋筋的桃尖形穹窿頂，外表面全以白地藍花琉璃磚貼面，花紋豐富，不下二十餘種，但終顯力度不夠。內部結構倒是忠實顯露結構的構成舊法。先建直徑五·二七米的外切四邊形，立四壁，各設拱券；其上砌外切八邊形，每邊置拱券一孔；復于其上設外切十六邊形，每邊亦砌一拱券。如此三層，邊數倍增，高度遞減，最後在十六邊形上砌築帶肋筋的桃尖形半球性穹窿。如圖所示。墓室內部用石膏泥抹平，下部一米高繪花卉、幾何圖案，上部用美術體阿拉伯文書寫古蘭經文，感覺甚爲古樸。

一五三　新疆疏附喀什噶里墓園大門樓

馬赫穆德·喀什噶里，是喀喇汗王朝的偉大學者。十一世紀初生于喀什噶爾直屬的烏帕爾鄉阿孜赫村，早年曾去阿巴斯王朝首都巴格達求學深造，于公元一〇七六年（北宋熙寧九年）撰寫完成巨著《突厥語大詞典》，獻給阿巴斯哈里發二十七代孫烏布里卡賽木·阿布杜勒·比厄·穆罕米迪里·穆臺迪·比艾木魯拉。九十七歲時逝世，葬于故鄉，疏附縣烏帕爾區西部塔西比里克山前面的清泉上。今已綠化開闢成公園。圖示爲大門樓，爲維族常見之形式。屏風墻門龕，兩側立雙塔，後帶方形門廳及穹窿頂。全用純白色，顯得高貴華麗。

一五四　新疆疏附喀什噶里墓室上的門窗隔扇

墓園很方正，坐西朝東，大門亦是東向，但似無軸綫關係。墓室偏西，平面方正規則，面闊大于進深，這是少見的横置型。其中有主墓室、祈禱室、中室、敞廊兼禮拜室、經堂、居舍等。主墓室、祈禱室、中室、敞廊兼禮拜室爲平頂磚木結構，經堂、居舍等則爲磚結構，四壁方室罩以穹窿。圖

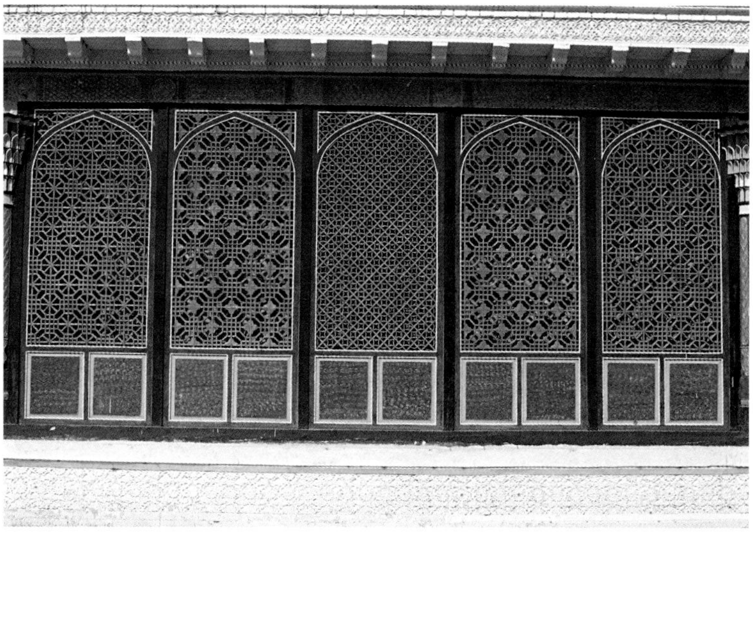

示主墓室上的木隔扇，各色各樣，豐富多彩，做工細膩，精緻美麗。

一五五　新疆疏附與喀什間途中所見荒廢墓群

很清楚地反映了土坯磚穹窿結構的砌法。

一五六　新疆和田河邊小清真寺

通體造型是堡壘式，方門尖拱，四角圓塔，中爲圓堡，另加瞭望圓亭，使用了新型鋼結構，極輕浮，實心墻面上遍體花飾，也極引人注目。裏面則擁擠狹小。

一五七　新疆阿克蘇赫拉巴特墓清真寺大門樓

位于阿克蘇市布隆科瑞克村，傳説建于十六世紀。整座建築建于村東高臺地上，近處低處沙丘陂陀，清泉溪流，林木茂密；臺上則一片干枯，荒墳纍纍，惟有遠處天山雪峰明亮。近處狀似土壘的泥堡傲然昂立，顯示出頑强的生命力。圖示清真寺大門樓，正面方門尖拱，粉白彩繪，惟有此處算是用心製作。更加襯托了其餘建築的質樸和原始。

一五八　新疆阿克蘇阿音科麥吾拉納·加瑪力丁·布哈拉墓

阿音科鄉位于阿克蘇市郊南二十八公里處。此墓雖是鄉間小寺，但也很雄偉氣派。

麥吾拉納·加瑪力丁·布哈拉就是從布哈拉來的傳教士，他在阿克蘇阿音科隱修期間遇上了來此圍獵的托乎魯克，他接受勸導信奉伊斯蘭教，并答應登上汗位後正式皈依。圖示陵墓就是這位傳教士的陵墓。此墓式樣有些奇怪，不同一般。拱頂像個蘑菇，牛肝紅色，下爲八角形基座，其下四壁，方形墓室，内爲墓體四周爲迴廊，如木結構形象，柱間設火焰形拱門，有些印度風格。

一五九　新疆庫車熱斯坦清真寺大門樓

當伊斯蘭教逐次占領喀什噶爾、于田、且末、阿克蘇之後，便長期停留在阿克蘇至庫車一綫。庫車古稱龜兹，是具有千年以上佛教文化傳統的地區，因此嚴重阻礙了伊斯蘭教文化的東傳。直到公元一二六七年纔開始有人去庫車傳播伊斯蘭教，但影響不大，祇能説是開端。完成此舉的應是托乎魯克時代的額什丁和卓。他是布哈拉傳教士加瑪力丁的兒子。托乎魯克皈依伊斯蘭教的功勞應直接歸功于他們父子，是父親説服兒子實現的。圖示熱斯坦清真寺就是位于龜兹古渡頭上的清真寺。

一六〇　新疆庫車大寺門樓内半穹窿

位于庫車老城，由艾麥力艾山喀什噶里設計，磚木結構，規模宏大，氣勢雄偉，堪稱是維吾爾族建築的優秀代表。門樓呈折邊形，西、南兩向對外開門。圖示門樓内半穹窿星形拱肋，有機地交織成幾何紋樣，似在表現出力之傳遞。

一六一　新疆庫車大寺大殿腰窗木櫺子

大殿平頂木構，大頭花柱，密梁彩繪，均是維吾爾族通行做法。腰窗縱向框格的劃分與漢式略同，縱橫木櫺子交織成幾何紋，且每扇不同，頗顯木結構所特有的玲瓏剔透。

一六二　新疆庫車大寺大殿外墻處理

大殿屬縱向型，進深大于面闊，面闊九間四一・八一米，進深十一間五〇・九〇米，面積二一二八平方米，是規模最大之大殿。內有列柱八十八根。排列規則整齊，聖龕前三間圍成內殿，其餘外殿三側封閉，惟東側以木隔扇與欄杆半封閉半開敞。圖示大殿南側墻面處理，因是平屋頂，上下皆用水平綫條劃分，中央部分設置飾拱和木櫺花窗，其上并有曲折的腰綫以爲裝飾。

一六三　新疆伊寧托乎魯克墓正面全景

察合臺汗國是蒙古族鐵木真封號成吉思汗次子察合臺的封國，始建于一二二五年，建都阿力麻里城（今伊寧地區），地域廣闊，分東西兩部。公元一三四七年察合臺後裔成吉思汗第七世孫托乎魯克帖木耳登上東察合臺汗國王位，皈依伊斯蘭教。公元一三六二至一三六三年病逝，年僅三十四歲。公元一三六五年王妃碧蒂帕麗可敦請伊拉克和撒馬爾罕工匠爲汗王修建了華麗陵墓，位于都城阿力麻里東北（今霍城東北十五公里大麻扎村），工匠是沙爾巴夫。後來又爲王妃增建了陵墓，設置了守陵人小室，形成較大陵園。

托乎魯克汗王陵墓正面。寬約十米，高約十四米。平面正方形，正面設置較高較大之屏風墻，横向三等份，中央一份爲凹龕，外爲碩大的門拱，內砌墻壁，開門及窗。兩側部分砌成凹凸綫框，皆以藍紫白色琉璃釉磚裝飾貼面，極其莊重華麗。左右兩側琉璃綫框內鑲嵌阿拉伯銘文。

右銘譯曰：

『此爲穆罕默德・托乎魯克・帖木耳之陵墓，可汗偉大、偉業恩典似海、神佑善良人的光榮和驕傲、伊斯蘭教的勝利堡壘，緊隨四大哈里發、尊賢哲、博敬仰。』

左銘譯曰：

『以身獻察合可汗妻碧蒂帕麗可敦王后，可汗肴罪，懿德賢淑聰慧，堪比畢麗克茜母儀和沐春、東西域中盡無倫巾幗，相君輔國宗善教，出水火、坐露地。』

門拱上方飾有銘文譯曰：『建此陵墓者沙爾巴夫』。

使用生土磚坯砌築，墻壁極厚，構成方形墓室，上承螺旋砌的穹窿頂，是西亞、中亞乃至土耳其典型的『天圓地方』建築形式。爲了突出正面設置厚厚的屏風墻及大門拱如『伊萬』門殿者，至于兩側是否置圓塔，由于墻頂部損缺無遺，一時不敢妄測。

總之，它是新疆地區保存較爲完好的元代陵墓建築（元順帝妥歡帖木耳至正二十五年）。現爲新疆維吾爾自治區重點文物保護單位。

一六四　新疆伊寧托乎魯克墓屏風牆上門拱尖細部

門拱尖部上的阿拉伯銘文細部及裝飾様。

一六五　新疆伊寧托乎魯克墓屏風牆上門邊框細部

正面屏風墻左側琉璃磚砌綫框內之阿拉伯銘文及裝飾文様。

一六六　新疆吐魯番蘇公塔及清真寺正面

公元一三八三年東察合臺汗國復扶立黑的兒火者爲汗王，因受到帖木兒大軍的威脅，被迫遷都別失八里（今烏魯木齊東北百餘公里處）。一三九一年後十四世紀末黑的兒火者汗以武力進攻火州和吐魯番，吐魯番成爲伊斯蘭教地區。一四二八年東察合臺汗國再次分裂成長幼兩支，幼支也先不花汗居吐魯番。公元一四七三年吐魯番王國速檀阿力率軍攻占哈密，并寇掠甘肅等地。十六世紀初吐魯番王國內部分裂。西蒙古準噶爾部控制吐魯番，察合臺蒙古統治結束。一七二〇年（清康熙五九年）清軍進軍吐魯番，大阿訇額敏和卓獻城歸清。但由于準噶爾部的侵扰，公元一七三二年（清雍正十年）大阿訇額敏和卓曾率八千餘維吾爾族人民內遷瓜州即沙洲（今甘肅安西）定居。至清乾隆二十年清軍征準噶爾部，大阿訇額敏和卓隨軍前往招降維吾爾族舊員，一直到公元一七五六年（清乾隆二十一年）清軍入伊犁。鑒于大勢穩定，內遷維吾爾族重回吐魯番（魯克沁）。大阿訇額敏和卓因赫赫戰功，深受乾隆皇帝贊賞，諭曰：『知無不言，言無不盡，其心非石，不可轉移，……有此等舊人在彼，始堪倚任。』遂册封爲鎮國公、吐魯番郡王，負責治理吐魯番地區。爲感念皇恩籌建紀念塔和清真寺。可惜未待建成，大阿訇額敏和卓病逝（公元一七七七年，清乾隆四十二年）。翌年（公元一七七三年）其子蘇來滿續建成功。并立石碑兩通，一爲漢文，一爲維吾爾文。漢文部分摘錄如下：

『大清乾隆

皇帝舊僕吐魯番郡王額敏和卓，率　扎薩克　蘇來滿等。

念額敏和卓自受命以來，壽享八旬三歲歸真。上天福庇，并無纖息灾難，保佑群生，因此答報天恩，虔修塔一座，費銀七千兩整。爰立碑記，以垂永遠，可爲名教，恭報天恩于萬一矣。乾隆四十三年端月吉日謹立』

維文部分譯之如下：

『安拉是我們的主人，人人需要他的幫助。……』

說明此塔是雙層意義上的感恩塔。正稱大阿訇額敏和卓塔，俗稱蘇公塔。

蘇公塔位于吐魯番市東郊二公里處的木納格村，與清真寺連爲一體，置于寺之東北隅，一直一平，一圓一方，呈鮮明對比。

塔底徑十四米，上徑二・八米，通高四十四米，通體有明顯的捲刹和收分，建築造型如同龐大肥碩的奶油瓶。頂上以圓形小穹窿收頂。全部爲生土磚結構，局部加設木筋、木骨，增加結構的韌性，以提高抗震、抗風能力。底層南向設一門與大殿前門廊通。入門內順厚壁內側右向逆時針繞芯柱連續旋轉梯級而上，計七十二級，達于頂層。爲梯間透光通氣，在不同高度不同位置設細縫式窗孔，共十四孔。從結構學的角度來看，此塔無疑與一根實心的磚構立柱無異，全靠外表面的裝飾紋樣創造出建築藝術性。維吾爾族工匠巧妙地運用了生土磚坯材料的自然質感、色彩和形體，組織成不同層次、不同方向和紋樣，創造了豐富、精緻、典雅而又華麗的藝術形象。不規則布置的細縫式窗孔，打破封閉性，帶來些許通透感。紋樣裝飾上下共分七區十五種，充分發揮了乾旱沙漠地區的藝術傳統，傲然挺立在藍天白雲之下，一望無際的黃土沙原之上。

一六七　新疆吐魯番蘇公塔清真寺正門樓正面

清真寺在塔南側與塔緊密相連。此圖所示爲面向東方的門殿。呈縱長立方形屏風墻式，橫向分成三部分，中央門殿部分占二分之一，兩側實墻部分各占四分之一。在墻面上砌出立框和橫檔，在中央砌高大桃尖拱券，內壁再設與門廳相連系的門扇、門額、飾拱、銘文等。兩側實墻部分再分成大小不等的五層框格，其中有兩格隱砌小拱以爲飾。上部則是一排并列小分格，各砌一真拱，共七孔，其內爲門頂瞭望空間。門殿兩側爲圍墻。全部都是生土磚的自然本色，極其樸素、誠實、自然。

一六八　新疆吐魯番清真寺門樓上所望蘇公塔側面

此圖示蘇公塔南側面。利用生土磚坯砌體表面的不同紋飾砌法自然地分成帶狀環箍，在結構形象上也似乎起到了環箍作用。

一六九　新疆吐魯番蘇公塔塔身上生土磚砌紋飾細部

土磚本身尺寸、大小、色彩、形狀不變，衹是改變不同方向、砌法、組織，非常簡單、容易，省工省料，加上陰影作用，産生了極其精美的藝術效果。此圖所示細縫式窗孔、內凹十字紋、小席紋、折曲大席紋等。

一七〇　新疆吐魯番蘇公塔清真寺大殿内

清真寺連同塔一起都建立在一座共同的大平臺上，臺寬四八・四六米，深七二・六米。禮拜殿寬四八・四六米，主殿部分深達五三・八九米，面積二六一一・四六平方米。除了正面門殿以外，以長方形厚墻完全封閉，圍墻内再圍上一圈土結構，土結構以四・一六米的正方形爲基本單元，下爲厚壁圍成的小方室，四向闢尖拱門，上砌桃尖穹窿，也就是説，每一單元是一方室、一穹窿，四拱門。西側圍墻内設十個單元，深兩個單元，而于中央處將四個單元合并成一個大單元，形成一個大方室和大穹窿是爲中央室和中央穹窿，置聖龕，作爲禮拜方向的代表，其軸綫方向是西偏南二度，基本上正東正西。另外在禮拜殿東側以門廳爲樞紐還有一座大穹窿，與蘇公塔連接處還有一座小穹窿。全部兩座大穹窿，五十座小穹窿，可以説是一群穹窿組成的禮拜殿，這正是反映了對該地區傳統材料和技術的發揮和利用。在這些大小穹窿圍合的中央部分另以木柱、木梁、木枋、密肋平屋頂的方式形成面闊五間進深九間的禮拜殿，局部開高窗和天井。東側正中與門廳相連，其南側以内廊與塔相接；其北側爲一空院，設置登上門樓頂上的露天梯級。這樣的禮拜殿土築方室如同暖室，平頂木構部分如同凉棚，非常適應當地氣温日夜變化較大的特殊要求。雖然是王家工程，却極自然樸素，反映吐魯番郡王父子的追求不同一般。

一七一　新疆吐魯番回族清真東大寺大門樓

吐魯番的回族占其總人口的百分之八，多集中在吐魯番的回城，亦稱新城，舊城爲廣安城。公元一八七二年（清同治十一年）以陝西社爲首的八社回民修建新城東大清真寺。此圖所示東大寺的大門樓，這是目前所見在立面上出現小尖塔最多的，多達六座，尖頭和圓頭并存。拱門上的紋飾竟用鏡面玻璃鑲嵌，取得非常突出的裝飾效果。

一七二 新疆哈密伯錫爾王陵正側面透視

哈密回王共傳九代二百三十三年，自公元一六九七年（清康熙三十六年）至一九三一年（中華民國二〇年）。此前元代爲蒙古族兀納失里王所統治。一三九一年（明洪武二十四年）明軍攻占哈密城，兀納失里王率家族遁去，死後傳位其弟安克帖木爾，降明，永樂二年被封爲哈密忠順王。自此以後凡被封爲哈密王的均是蒙古貴族元宗室後裔。其實他統治下的居民，有回回（信奉伊斯蘭教的維吾爾族）、畏吾兒（信奉佛教的維吾爾族）、哈喇灰（蒙古族）。公元一六〇五年（明萬曆三十三年）木罕買提夏和加帶領維吾爾族教兵到哈密傳播伊斯蘭教，用計戰勝蒙古士兵被迎進哈密城，立爲哈密首領，公元一六六八年（清康熙七年）病逝後由其子額貝都拉繼位。一六九七年（清康熙三十六年）清朝政府册封哈密維吾爾族首領額貝都拉爲哈密回部一等世襲封建主，俗稱哈密王。公元一七〇九年（清康熙四十八年）額貝都拉卒，其子郭帕克繼位。公元一七一一年（清康熙五十年）郭帕克卒其子額敏繼位。公元一七二七年（清雍正五年）晋封額敏爲鎮國公。公元一七四〇年（清乾隆五年）額敏卒其子玉素甫襲封。公元一七五九年（清乾隆二十四年）賞賜玉素甫郡王品銜。公元一七六六年玉素甫病故進京途中，一七六七年次子伊薩克襲位。公元一七八〇年伊薩克不幸病故，子額爾德錫爾襲封。公元一八一三年（清嘉慶十八年）額爾德錫爾病故子伯錫爾襲封。公元一八三二年（清道光十二年）晋封伯錫爾爲郡王。公元一八六四年新疆各族人民起義大爆發，伯錫爾王被起義軍所執因拒絶投降而遭處死。清政府爲表彰他的功績和忠節在哈密回城西郊二公里處爲他建立了專祠。

此圖所示即伯錫爾王陵祠（公元一八三八至一八四五年），磚結構。

祠正面西向。墓室本身仍是『天圓地方』的標準形式，面寬十五米，進深二十米，穹窿頂高一七·八米。在西側正面設一座屏風墻。墻被分割成三等份，中央空處設大拱門，特异之處爲呈正三角形式的直綫拱，這是他處所不見。兩側墻面分畫成五個格框，每個框内隱砌小拱，也都是直綫形拱券。而屏風墻兩外端及後壁兩角置圓形小塔，塔頂已毁，塔身保存完好，當初應有前高後矮的四小塔聳立。屏風墻上部横向分格，因殘缺不全，是何形式，一時不敢妄斷。通體表面以白地藍紋瓷磚貼面，磚長二六·五厘米，寬十二厘米。穹窿頂外貼綠色琉璃面磚。整個風格純淨莊嚴，清新雅麗。

一七三　新疆哈密伯錫爾王陵園內墓室穹窿

此圖所示哈密王陵園內沙木胡索特陵主穹窿仰視內景（公元一八八一至一八八二年）。四壁各砌直綫形尖券，券內各開兩孔半圓拱形門洞，其上形成八角形鼓座，在轉角挑出處另砌尖拱，略有彎曲，完成由直向曲的過渡，其上即砌圓形穹窿。與衆所不同者有二，一在鼓座四正面設方窗采光；二內外墻壁穹窿均以白地藍紋的彩繪畫滿表面。

一七四　新疆哈密王陵陵園內夏麥合蘇特墓

公元一八六七年（清同治六年）伯錫爾王子邁哈默特襲爵，但他是殘疾人，下肢軟癱，實權全在伯錫爾福晉邁里巴紐的控制中。而且邁哈默特無子，爵位由其女婿夏麥合蘇特（亦譯沙木胡索特，俗稱沙親王）于公元一八八二年（清光緒八年）繼承。此圖所示即沙親王陵墓外觀全景。此陵墓設計極爲特別，實際上是在維吾爾族傳統的『天圓地方』的陵墓基礎上另外加上了一個漢式木結構的外殼。而且分作三層，第一層因四面繞以迴廊，故面闊進深皆五間，第二層縮爲三間，第三層在第二層基礎上更縮爲八角形，每邊分兩間，最頂上以八角攢尖式屋頂結束。

其後側方圓結合形木構建築即爲后妃陵墓。

一七五　新疆哈密王陵園內清真寺邦克樓

哈密王陵園自十七世紀初開始修建，兩個多世紀內不斷擴建，陵園內原有六座陵墓、一座清真寺、十幾間居舍，葬有前六個王和他們的后妃、子孫的三座陵墓均已塌毀，現存祗有第七代哈密郡王伯錫爾、沙木胡索特和一座后妃陵，清真寺尚存，又經過整修，已煥然一新。

此圖所示爲修整後的清真寺邦克樓，表現了極其强烈濃鬱的民族風格和地方風韵。

一七六　新疆哈密王陵園內清真寺大殿內墻面彩繪

清真寺建于十八世紀初，面積二二八○平方米，長方形，木結構，平屋頂。面闊八間，三十六米，進深十六間，五十六米，是縱深型百柱大殿，殿內立木柱一一二根，大頭花柱，柱上部雕花飾。由于偶數開間，中立一柱，故將聖龕移在偏南開間。中心軸綫方向西偏北三度。天花平頂，設天窗三孔，用木製花格欞子，惟大殿內墻面彩繪依舊。

一七七　新疆哈密阿孜那清真寺大殿內聖龕

據一九九○年統計哈密地區現有清真寺二九三座，一類十五座。二類五十二座，三類二二六座。著名者爲哈密王陵及清真寺、蓋斯墓及清真寺、哈密陝西大寺、哈密阿孜那清真寺、舊麥德爾斯經文學堂、新麥德爾斯經文學堂、托乎魯克墓（旗子麻扎）、哈密縣喀依斯霍加墓等。阿孜那清真寺位于哈密老城（回城）阿孜那街。舊有面貌奇特，

但已破舊不堪，近年已進行維修加固，對無法維持者進行了改建。本寺的基本特徵是以『天圓地方』式的土拱爲單元，圍閣成面闊五間、進深七間的長方形平面，東側圍墻外中央處另加屏風式門樓，圍墻内東、南、北三側各用一個單元圍閣，構成Ⅱ字型穹隆群，西側及中央空餘處架設木構密梁平屋頂覆蓋，寬四柱三間，深六間七柱，沿西側圍牆内三間之中央間設聖龕，以爲禮拜象徵，其北間内置宣諭臺。此圖所示即改建後的聖龕與宣諭臺。聖龕形狀平面爲半圓形，立面爲兩側帶尖刺的腰圓尖拱形，加上不同顏色的套拱，更富有裝飾性，顯得尊貴別致。

一七八　新疆哈密新麥德爾斯經文學堂

哈密新麥德爾斯經文學堂位于哈密老城烏爾德禾街區。建造于最後一位哈密王沙木胡索特時期（公元一八八二至一九三〇年），將經文學堂所有功能都集中在平面長方形的建築内。四周爲圍墻，坐西朝東，前列是門樓及召喚的邦克樓，實際上是在門廳的穹窿頂上另設高聳的四方和八角臺基，其上建一木構平臺和亭子，高達十五米，既起召喚作用又是學堂存在的象徵。西側圍墻内布置禮拜殿，西壁即是禮拜方向。南北兩側則分成許多小間，每間又分成外間和内間，以爲辦公、住宿，其他空隙則布置食堂、水房、廁所等。剩余空間爲内院，是確確實實的四合院，并且帶一周圈迴廊，禮拜殿前部迴廊特別加寬，反映了教經堂的實際需要。院内有深井。

一七九　新疆哈密托乎魯克墓門樓

托乎魯克墓位于哈密老城王宮前霍加木禾街，是紀念傳教士賽義提·艾哈邁特·白里赫阿塔，由于他曾持旗幡傳教，穆斯林將旗幡插在墓上，俗稱『旗子麻扎』。從墓内碑文來看墓堂建于公元一七〇一年，公元一八四八年整修。門樓造型如佛教之金剛寶座塔式，下爲立方體基臺，開門洞，設木門兩

扇，其上正面飾琉璃磚面，隱出大小拱券。臺上四角設小塔，中央設大塔，白色八角鼓座，塔頂則近似球形，且貼滿花磚，一反清淨純一的伊斯蘭教風格，倒也顯得不同一般。其內部兩座精緻的漢式木構門樓，其精緻到了令人吃驚的程度。

一八〇　新疆哈密伊斯蘭教協會大門樓

哈密伊斯蘭教協會大門樓。這種屏風門式的門樓建築，在新疆地區很具有普遍意義。一般農牧民家居大門樓也多采用此種形式。簡單樸素的祇在厚厚的夯土圍墻上鑿洞即可，爲了防止上部夯土塌落，自然鑿成上小下大的尖拱形，下大是爲了牛羊群和車輛的進出，因此高度無須太高，寬度却希望盡量寬大，內部設置一扇或兩扇栅欄門攔阻牛羊即可。爲了突出再將局部圍墻加高加厚，加上平頂成爲厦檐門。考究一些的用磚砌築，更考究的再加以貼面裝飾，兩側飾以小樓、小塔，門洞內置以考究的雙扇木板門，自然優美也不失爲一户殷實之家的安全威嚴感。

一八一　新疆哈密靈明堂牌樓門

哈密靈明堂建築位于陝西大寺內，屬中國伊斯蘭教四大門宦中的戞迪林耶門宦，是其支系之一。教義上屬遜尼派，教法上屬哈乃斐學派。在長期發展過程中受傳統中國文化影響較深。故其建築完全采用中國漢式傳統，有明顯的中心軸綫，所有主要建築都沿中心軸綫呈縱深布局，而且全用漢式木結構，梁架斗栱，飛檐翹角，琉璃磚瓦，彩畫貼金，五脊六獸，幾乎都有所應用。此圖所示爲牌樓門中的明間部分。它是靈明堂中心軸綫上的首座建築，是牌樓與門樓結合建造的牌樓門。正面是三間四柱、柱不出頭、廡殿三樓的牌樓建築。

一八二　新疆哈密靈明堂牌樓門次間

此圖所示靈明堂牌樓次間，可以明顯看出木構牌樓的構成，特別富有裝飾性。在一側的八字墻上還可以看到豐富的磚刻，這也是西北回族匠人所擅長的技藝。

一八三　新疆鄯善城内清真寺大門

維吾爾族清真寺，近年又新建磚構大門樓一座，尚未拆除的老大門是生土結構，所謂生土結構就是利用當地取得的砂黏土脱模成坯，依需要構築起來，内外表面悉用灰泥塗抹，酷烈灼熱的陽光照射下似乎欲把一切生靈燒焦成炭，正是這些厚厚的土結構庇蔭纔使大地生命得以生存。這些土結構聳立在藍天白雲之下，表現了濃鬱、頑强甚至帶有一些無畏、神秘感。

一八四　新疆烏魯木齊南門清真大寺聖龕

烏魯木齊市南門清真寺，維吾爾族名『汗騰格里』，意即『拜主處所』。原在舊城南門，創建于十九世紀中葉，至今已有一三○餘年歷史，因年久失修，不復再用。後得以修復。位于南門廣場西側，坐西向東，共二八○○餘平方米，禮拜殿七百餘平方米，可容千人同時禮拜。立面上中心軸綫，左右對稱，中央是三連拱的高大空廊，明次三間突出，二塔一樓高聳，兩側以拱樓陪襯，從立面構圖來看仍是傳統爲主。此圖所示爲禮拜殿内聖龕，可謂寛闊、清新、明亮、雅麗。

一八五　新疆烏魯木齊清真南大寺

位于二道橋市場道路西側，中心軸綫，縱深布局，左右對稱，是較典型的回族清真寺。因道路拓寬，大門樓已被拆除，新建簡易房屋爲門樓，大殿依舊爲木結構。前爲捲棚，面闊五間，每間寬四米；進深一間，三·九米，單檐捲棚歇山頂；中爲正殿，進深二間，寬、深皆四米；使用斗栱、彩畫，整個建築表現爲漢式傳統建築風格。

一八六　新疆烏魯木齊清真南大寺後窑殿

後爲窑殿，面闊三間，進深二間，整個大殿平面呈凸字型。西壁設半圓形聖龕，上置横額。兩側懸聯對，頂上另構門罩。西壁中央部分塗成墨綠色，以此突出禮拜目標。

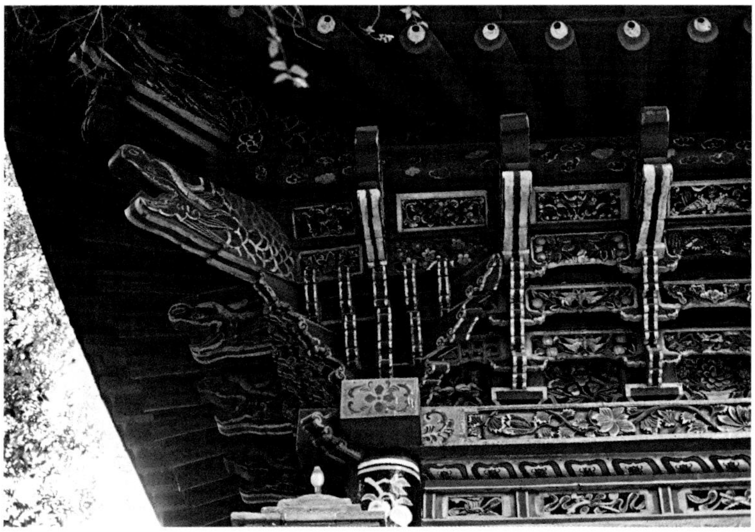

一八七　新疆烏魯木齊清真南大寺大殿轉角斗栱

回族清真寺建築雖都沿襲漢式傳統木構建築，具體做法却大有不同。轉角斗栱就是明顯例證。如在轉角内側也出四十五度斜角栱，在跳頭上還逐跳出翹頭，外側由昂做得像開口怪魚等都是一般漢式傳統木構建築中所看不到的。

一八八　新疆烏魯木齊寧固寺小塔樓

基地雖然狹窄，建築却很雄偉，除中央大穹窿外，還建有小塔樓，造型風格多有創造性，敦厚、結實、剛健、有力。

一八九　新疆烏魯木齊固原寺大殿正立面

回族寺，來自寧夏固原。四座光塔和中央穹窿，輪廓綫中非常突出引人注目。尤其兩座六角光塔分節處理，比例適當，虛實協調，顏色對比强烈，在藍天白雲的襯托下，顯得新穎、莊重典雅美麗。

一九○　新疆烏魯木齊固原寺二層大殿内景

吊平頂，中立四柱，支撑中央穹窿。整個大殿，開闊明朗，典雅華麗，與一般宗教氣氛不同，人情味較强。

一九一　新疆烏魯木齊青海大寺新建大門樓

是來自青海的回族大寺。門樓是維吾爾族地區或西亞、中亞地區通行樣式，但用新材料、新技術構築，也僅此而已。其内部仍是漢式傳統木構大殿。

一九二　新疆烏魯木齊青海大寺大殿前廊北袖墻磚刻

西北回族匠人擅長磚、木、石雕，在清真寺特別是陵墓建築上得到了充分發揮。大殿前廊是半封閉、半開敞空間，是穆斯林禮拜活動前後更換靴鞋的地方，是不可缺少的。南北兩側用磚墻封閉，爲了打破其單調感，加以雕刻修飾。一般采用屏風式分隔。此處則如窗隔扇。兩側爲挂對，中間六扇隔扇，兩側共計十二扇，刻十二月花卉，既美化了建築空間，又符合伊斯蘭教不用動物紋樣裝飾的傳統。

一九三　新疆烏魯木齊陝西大寺大殿正面

陝西大寺是烏魯木齊市中最古老的清真寺，位于南門内和平南路永和正巷，現爲新疆維吾爾自治區重點文物保護單位。始建于清乾隆、嘉慶年間，爲陝西籍穆斯林捐資興建。重修于光緒三十二年（公元一九〇六年），原是模仿西安華覺巷清真寺的，但規模小得多，今所存惟見大殿及若干附屬用房。大門由南向進，即爲廣庭，平臺，臺上爲坐西朝東的木構大殿。面闊七間，單檐歇山頂，分前廊、正殿、後窑殿三部分，後窑殿近于正方形，面闊進深皆三間，加跳梁構成八角形高樓，歇山十字脊屋頂下連以八角形披檐，形制甚爲特殊。內部八角藻井也極爲精緻，惜爲吊頂所掩，難得一見。

一九四　新疆烏魯木齊陝西大寺後窑殿外觀

後窑殿向內縮進，磚砌厚壁，設方門圓窗；外側另加迴廊，避免外觀上的單調感。頂上八角高樓，巍峨壯麗。

一九五　新疆烏魯木齊陝西大寺後窑殿內聖龕

磚壁砌成半圓形套拱極淺凹龕，兩側砌磚裸露，其上分成左右對稱的木格裝修，格內嵌板，漆成墨綠色，以金色書寫阿拉伯文清真言。另以淡色繪花草和文字圖案，莊嚴肅穆，帶有些神秘感。

一九六　新疆米泉古牧地清真大寺正面

這座回族清真寺，用白、綠瓷磚貼面，廣開間、大玻璃，開敞明亮。確實是在清真寺設計上有所突破的作品。

一九七　新疆米泉古牧地清真大寺聖龕

白色桃尖拱券，葱黄緑色方框，扇形匾額，對稱聯對，簡單、輕快、明暸。龕内懸阿拉伯式挂毯，上綉經文與兩大聖寺，其後爲具有實用意義的兩扇門。

一九八　江蘇南京淨覺寺磚構門樓

南京三山街銅作坊是明初創建的著名清真寺之一。惜原構已于太平天國年間被拆毁移作王府，僅存磚構門樓一座。原近街面，今稍向内移。全爲磚雕，真實仿木結構，三間四柱，廡殿三樓，中置『敕賜』聖旨牌額。

一九九　江蘇南京淨覺寺大殿内窑殿聖龕

新恢復之窑殿聖龕，正殿後金柱處設木板尖拱券，以爲界分，清爽利落。

二〇〇　江蘇南京太平路清真寺大殿内聖龕

窑殿正面設半圓拱龕，刻清真言：安拉是惟一的神，穆罕默德是神的使者。上懸匾額，兩側挂聯對，均用來贊主。窑殿兩側開高窗，另置宣諭臺于聖龕左側。整個布置，清爽明亮，左右對稱。

二〇一　江蘇六合清真寺望月亭

寺規模不大，保存較爲完好。望月亭與大殿相對，四方亭式，三面迴廊，重檐攢尖頂。

二〇二　江蘇南通清真寺進口

係舊寺復建。

二〇三　江蘇蘇州太平坊清真寺二層大殿

係舊寺復建，大殿位于二層，而且通高三層，中置穹窿頂。

二〇四　江蘇蘇州太平坊清真寺二層大殿穹窿仰視

藉助正中位置上的穹窿頂及其內部劃分上的深邃無限表示宗教性。

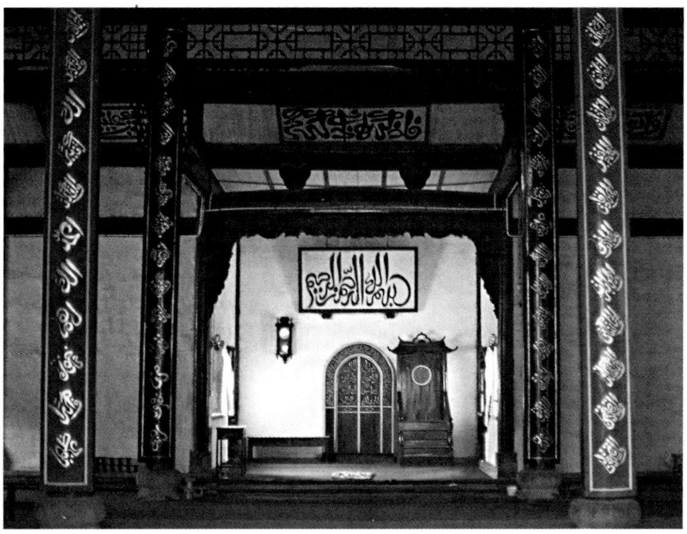

二〇五　安徽安慶南門外清真寺大殿內窑殿聖龕

安慶舊屬淮南道，亦是回民居住較集中之處。明時成化年間創立，後毀于太平天國之戰，今爲清末光緒年間所恢復。殿屋高大，爲漢式傳統木構建築。圖示大殿內景，正中爲窑殿聖龕。

二〇六　上海松江清真寺望月樓

圖示二門樓，兼用做邦克樓，純磚結構，面闊、進深皆三間，重檐歇山十字脊。門額書：嘉靖十四年（公元一五三三年）重建，康熙二十二年（公元一六八三）張雲升復修、張雲英重整記。

二〇七　上海松江清真寺大殿内宣禮臺

據明崇禎年間編撰松江府志卷五十三寺院項中載：『松江清真寺爲永樂初年所建。禮部并給扎于住持賽孝祖。永樂五年賽孝祖奉旨到松江敕修清真寺。并任命敕修後的清真寺第一任住持。』該敕建匾額保存至今。可證正式建寺即奉旨敕建在明初永樂五年（公元一四〇七年）。作爲回族墓地是早已有之。寺内現存達魯花赤墓和磚構後窑殿可資證明，當爲元代遺物。圖示清真寺大殿始建于明初，已經歷代重修，但仍保持着當初簡潔明快的明代風格和式樣。

二〇八　上海松江清真寺後窑殿屋頂外觀

後窑殿純屬磚構，平面正方形，東、南、北三面正中闢半圓拱門窗，西壁設聖龕。頂上架設磚砌穹窿，用菱角牙子磚和皮條磚交互間砌的方法解決圓方過渡問題。應該說這是伊斯蘭教習用做法，漢地不慣，乃于外面包裹成四方形的歇山十字脊瓦蓋屋頂。所謂『元代遺構』即本圖所示。

二〇九　上海福佑路清真寺

位于南市區老北門福佑路三七八號。是上海伊斯蘭教史上第二座清真寺。原名穿心街禮拜堂，後改稱穿心街回教堂，俗稱北寺。聚居于此周圍的南京籍穆斯林，先于硝皮弄沿街租屋兩間以爲臨時禮拜場所，約在公元一八六三年（清同治二年）始在此購地建屋。一八七〇年以清真寺管理社團務本堂名義由馬翰章等三十一位鄉老發起集資二七〇〇銀圓，購現址〇・六畝翻建成大殿。擴建于公元一八九七年（清光緒二十三年），復由二十二位鄉老集資購地〇・五八畝，擴建成二進大殿。公元一九〇五年（清光緒三十一年）沙雲俊等三十一位鄉老再購地〇・五八畝，累計占地一・七六畝，遂將大殿擴建成三進大殿。總體坐南朝北，臨街大門原爲石庫門，爲突出起見，後加飛檐雕椽。本寺大殿仍保存着漢式傳統廳堂木結構，由前中後及窑殿組成，圖示大殿內後窑殿聖龕。

中國美術分類全集

中國建築藝術全集

第16卷 伊斯蘭教建築

圖書在版編目(CIP)數據

中國建築藝術全集. 第16卷, 伊斯蘭教建築 / 路秉杰主編.—北京：中國建築工業出版社，2003
(中國美術分類全集)
ISBN 7-112-04792-7

I. 中… II. 路… III. ①建築藝術-中國-圖集②伊斯蘭建-宗教建築-建築藝術-中國-圖集 IV.TU-881.2

中國版本圖書館CIP數據核字(2001)第087726號

中國建築藝術全集編輯委員會 編

本卷主編 路秉杰

出版者 中國建築工業出版社
（北京百萬莊）

責任編輯 馬鴻杰

總體設計 雲 鶴

本卷設計 何冬燕 陳應剛

印製總監 楊一貴

製版者 北京利丰雅高长城印刷有限公司

印刷者 利豐雅高印刷（深圳）有限公司

發行者 中國建築工業出版社

二〇〇三年六月 第一版 第一次印刷

書號 ISBN 7-112-04792-7 / TU · 4273(9047)

國内版定價三五〇圓